"十四五"职业院校机械类专业新形态系列教材

CAD 机械绘图

主　编　刘京辉

副主编　纪刚刚　晏　丹

主　审　林周宁

机 械 工 业 出 版 社

本书根据职业教育的特点，按照一体化项目教学的模式编写，着力推广高效的"数控绘图"理念，重点教学内容都配套了详细的教学视频，是一本机械类专业识图、绘图的新形态教材。全书主要内容包括认识CAXA电子图板、数据输入、对象操作、窗口与图层操作、直线绘制、圆和圆弧及多段线绘制、其他图形绘制、图形编辑、系统设置、绘图技巧、属性查询、命令绘图、回转类零件绘制、尺寸标注及修改、符号与文字标注、样式与标准管理、块的制作、绘图资源的使用、图幅与图框的设置、常用工具的使用、视口与打印操作、序号与明细栏标注、装配图绘制。

本书可以作为大中专院校机械类专业的授课教材或自学教材，也可作为机械设计、机械制造相关技术人员的培训教材。

本书配有电子课件，凡使用本书作为教材的教师可登录机械工业出版社教育服务网 www.cmpedu.com 注册后下载。咨询电话：010-88379534，微信号：jjj88379534，公众号：CMP-DGJN。

图书在版编目（CIP）数据

CAD 机械绘图／刘京辉主编. -- 北京：机械工业出版社，2024.12. --（"十四五"职业院校机械类专业新形态系列教材）. -- ISBN 978-7-111-76555-4

Ⅰ. TH126

中国国家版本馆 CIP 数据核字第 2024G0C300 号

机械工业出版社（北京市百万庄大街 22 号　邮政编码 100037）

策划编辑：王晓洁		责任编辑：王晓洁　戴　琳	
责任校对：韩佳欣　李小宝		封面设计：马若濛	
责任印制：刘　媛			

唐山三艺印务有限公司印刷

2024 年 12 月第 1 版第 1 次印刷

184mm×260mm・16.5 印张・428 千字

标准书号：ISBN 978-7-111-76555-4

定价：52.00 元

电话服务　　　　　　　　　网络服务

客服电话：010-88361066　　机　工　官　网：www.cmpbook.com

　　　　　010-88379833　　机　工　官　博：weibo.com/cmp1952

　　　　　010-68326294　　金　书　网：www.golden-book.com

封底无防伪标均为盗版　　机工教育服务网：www.cmpedu.com

前　言

根据《人力资源社会保障部关于印发技工教育"十四五"规划的通知》（人社部发〔2021〕86号）文件相关要求，为了更好地推动技工教育高质量发展、持续推进新型工业化，促进全国技工院校机械类专业的教学质量提升，加快建设国家战略人才力量，努力培养造就更多大国工匠、高技能人才，西安航天技工学校成立了教科研委员会，由校长张伟利和张立新担任领导小组组长，全方位推动学校的教学与科研活动。

根据职业教学的特点，在教科研委员会的领导下，学校着重开发一体化教学系统及主要课程。CAD机械绘图课程由特级教师刘京辉主导开发，结合全国各类技能大赛发展趋势及技工教育教学特点，组织长期从事技能竞赛培训及技工院校教学的专家团队联合研发本教材，着力推广高效的"数控绘图"理念，规避一些传统的低效绘图思路，不仅提高了机械识图及绘图速度，也提高了用户的数控编程意识，对从事数控加工及参加数控竞赛的用户极具学习价值。

本书基于"实践—理论—再实践"的教学理念，从项目实例入手，由浅入深、由点到面地展开教学，更具实战性、技巧性和全面性，不仅适合职业院校的教学工作，也能满足企业用户在缺少师资情况下的自学需求。

本书的特点如下：

1）大力推广高效的"数控绘图"理念。

2）以实战能力为主线，体现"做中学"的教学模式。

3）培养学员良好的操作习惯，为技能竞赛打下坚实基础。

4）拓宽绘图视野，提升绘图技巧和效率。

5）大量深入浅出的应用实例，引导学员递进学习。

6）知识点详尽，适合技工院校教学、职业培训及专业人员查阅。

7）书中165个实例都配有详实的教学视频及全套电子教案。

8）配有专用的训练图册，包括基本训练图63张、零件图及装配图78张，并配套由专家录制的讲解视频，既能满足日常的教学和训练需求，也是一套珍贵的资源库。

本书着重推广国产软件的应用，不仅注重介绍软件功能的使用方法和技巧，更强调用户对图形的观察力和绘图思路的培养，在教学中收到了显著的效果，对于习惯使用其他平面绘图软件的用户极具参考价值。

本书由刘京辉、纪刚刚、晏丹、张勇祥、王毓晨、李琛编写，其中刘京辉为主编并负责统稿，纪刚刚、晏丹为副主编。本书由林周宁任主审。

由于编者水平有限，书中不当之处在所难免，恳请广大读者和专家批评指正。

编　者

二维码索引

二维码	二维码	二维码	二维码	二维码	二维码
例 2-1	例 2-8	例 4-3	例 6-1	例 6-8	例 7-4
例 2-2	例 3-1	例 5-1	例 6-2	例 6-9	例 7-5
例 2-3	例 3-2	例 5-2	例 6-3	例 6-10	例 7-6
例 2-4	例 3-3	例 5-3	例 6-4	例 6-11	例 7-7
例 2-5	例 3-4	例 5-4	例 6-5	例 7-1	例 7-8
例 2-6	例 4-1	例 5-5	例 6-6	例 7-2	例 7-9
例 2-7	例 4-2	例 5-6	例 6-7	例 7-3	例 8-1

（续）

二维码	二维码	二维码	二维码	二维码	二维码
例 8-2	例 8-11	例 9-8	例 12-1	例 13-1	例 15-3
例 8-3	例 8-12	例 9-9	例 12-2	例 13-2	例 15-4
例 8-4	例 9-1	例 9-10	例 12-3	例 13-3	例 15-5
例 8-5	例 9-2	例 11-1	例 12-4	例 14-1	例 15-6
例 8-6	例 9-3	例 11-2	例 12-5	例 14-2	例 15-7
例 8-7	例 9-4	例 11-3	例 12-6	例 14-3	例 15-8
例 8-8	例 9-5	例 11-4	例 12-7	例 14-4	例 15-9
例 8-9	例 9-6	例 11-5	例 12-8	例 15-1	例 15-10
例 8-10	例 9-7	例 11-6	例 12-9	例 15-2	例 15-11

（续）

二维码	二维码	二维码	二维码	二维码	二维码
例 15-12	例 15-21	例 16-5	例 16-14	例 17-7	例 19-2
例 15-13	例 15-22	例 16-6	例 16-15	例 17-8	例 19-3
例 15-14	例 15-23	例 16-7	例 16-16	例 17-9	例 19-4
例 15-15	例 15-24	例 16-8	例 17-1	例 17-10	例 19-5
例 15-16	例 15-25	例 16-9	例 17-2	例 17-11	例 19-6
例 15-17	例 16-1	例 16-10	例 17-3	例 18-1	例 19-7
例 15-18	例 16-2	例 16-11	例 17-4	例 18-2	例 19-8
例 15-19	例 16-3	例 16-12	例 17-5	例 18-3	例 19-9
例 15-20	例 16-4	例 16-13	例 17-6	例 19-1	例 19-10

（续）

二维码	二维码	二维码	二维码	二维码	二维码
例 19-11	例 20-3	例 21-1	例 21-4	例 23-1	
例 20-1	例 20-4	例 21-2	例 21-5	例 23-2	
例 20-2	例 20-5	例 21-3	例 22-1	例 24-1	

目　录

前　言

二维码索引

项目1　认识 CAXA 电子图板 … 1

1.1　CAD 技术及应用软件 …………………………………… 1
1.2　CAXA 电子图板软件的发展历程和特点 …………………… 1
1.3　用户界面 ……………………………………………………… 3
1.4　软件中光标的含义 …………………………………………… 5
1.5　点线的捕捉 …………………………………………………… 6
1.6　绘图模式 ……………………………………………………… 6
1.7　参数化绘图 …………………………………………………… 7
1.8　图库 …………………………………………………………… 7
1.9　绘图工作流程 ………………………………………………… 8
1.10　常用文件格式 ……………………………………………… 8
1.11　绘图注意要点 ……………………………………………… 8
1.12　交互式操作 ………………………………………………… 9

项目2　数据输入 … 11

2.1　绝对坐标输入 ………………………………………………… 11
2.2　相对坐标输入 ………………………………………………… 14
2.3　极坐标输入 …………………………………………………… 17
2.4　数值输入 ……………………………………………………… 19
2.5　动态输入 ……………………………………………………… 21
2.6　用户坐标系 …………………………………………………… 22

项目3　对象操作 … 26

3.1　对象概念 ……………………………………………………… 26
3.2　拾取对象 ……………………………………………………… 26
3.3　取消对象选择 ………………………………………………… 27
3.4　编辑对象 ……………………………………………………… 27
3.5　插入对象 ……………………………………………………… 32
3.6　引用对象 ……………………………………………………… 33

项目4　窗口与图层操作 34

4.1　文档切换 34
4.2　窗口的显示 35
4.3　图层的含义 35
4.4　图层的管理 36
4.5　图层的用途 37
4.6　颜色/线宽/线型 38
4.7　添加线型 39
4.8　其他图层工具 39

项目5　直线绘制 41

5.1　直线 41
5.2　直线综合应用 46

项目6　圆和圆弧及多段线绘制 52

6.1　圆 52
6.2　圆弧 54
6.3　多段线 70

项目7　其他图形绘制 73

7.1　矩形/正多边形/中心线 73
7.2　平行线/圆形阵列中心线 76
7.3　椭圆 79
7.4　填充与剖面线 80
7.5　公式曲线 81
7.6　孔/轴、局部放大 82
7.7　多段线 85
7.8　齿形 88
7.9　对称线 89
7.10　点与箭头 91

项目8　图形编辑（一） 92

8.1　平移 92
8.2　平移复制 93
8.3　等距线 94
8.4　裁剪 95
8.5　延伸 96
8.6　拉伸 96
8.7　阵列 98
8.8　镜像 99

8.9 旋转 ······ 100

8.10 打断 ······ 100

8.11 缩放 ······ 101

8.12 分解 ······ 102

项目9 图形编辑（二） 103

9.1 删除 ······ 103

9.2 删除重线 ······ 104

9.3 删除所有 ······ 104

9.4 过渡 ······ 104

9.5 圆角 ······ 105

9.6 多圆角 ······ 105

9.7 倒角 ······ 106

9.8 多倒角 ······ 106

9.9 外倒角 ······ 107

9.10 内倒角 ······ 107

9.11 尖角 ······ 108

9.12 合并 ······ 109

9.13 对齐 ······ 109

9.14 剖面线编辑 ······ 110

9.15 多段线编辑 ······ 111

9.16 样条编辑 ······ 111

项目10 系统设置 112

10.1 选项 ······ 112

10.2 拾取过滤设置 ······ 118

10.3 捕捉设置 ······ 119

10.4 点样式 ······ 119

项目11 绘图技巧 120

11.1 设计基准定原点 ······ 120

11.2 直线轮廓应连续 ······ 122

11.3 定位特征先入手 ······ 124

11.4 针对图素选工具 ······ 126

11.5 对称结构画一半 ······ 130

11.6 多视图间用导航 ······ 131

项目12 属性查询 133

12.1 元素属性查询 ······ 133

12.2 两点距离查询 ······ 134

12.3 坐标点查询 ······ 134

12.4　角度查询 ………………………………………………………………… 135

12.5　周长查询 ………………………………………………………………… 135

12.6　面积查询 ………………………………………………………………… 136

12.7　重心查询 ………………………………………………………………… 137

12.8　重量查询 ………………………………………………………………… 138

12.9　惯性矩查询 ……………………………………………………………… 139

项目13　命令绘图　140

13.1　常用功能键 ……………………………………………………………… 140

13.2　常用组合键 ……………………………………………………………… 140

13.3　常用快捷键 ……………………………………………………………… 141

13.4　常用键盘命令 …………………………………………………………… 141

13.5　命令绘图应用 …………………………………………………………… 143

项目14　回转类零件绘制　158

14.1　轴类零件 ………………………………………………………………… 158

14.2　盘类零件 ………………………………………………………………… 165

项目15　尺寸标注及修改　168

15.1　尺寸标注 ………………………………………………………………… 168

15.2　坐标标注 ………………………………………………………………… 174

15.3　标注的修改 ……………………………………………………………… 177

项目16　符号与文字标注　181

16.1　符号标注 ………………………………………………………………… 181

16.2　文字标注 ………………………………………………………………… 186

项目17　样式与标准管理　188

17.1　样式管理 ………………………………………………………………… 188

17.2　标准管理 ………………………………………………………………… 203

项目18　块的制作　204

18.1　块插入 …………………………………………………………………… 204

18.2　创建块 …………………………………………………………………… 205

18.3　属性定义 ………………………………………………………………… 205

18.4　更新块引用属性 ………………………………………………………… 205

18.5　消隐 ……………………………………………………………………… 205

18.6　块编辑 …………………………………………………………………… 205

18.7　块在位编辑 ……………………………………………………………… 205

18.8　块扩展属性定义 ………………………………………………………… 206

18.9　块扩展属性编辑 ………………………………………………………… 206

18.10　重命名 …………………………………………………………………… 206
18.11　块综合应用 ……………………………………………………………… 206

项目19　绘图资源的使用　210

19.1　构件库 …………………………………………………………………… 210
19.2　图库 ……………………………………………………………………… 215
19.3　图符的种类 ……………………………………………………………… 216
19.4　图符预处理及变量 ……………………………………………………… 216
19.5　图符工具 ………………………………………………………………… 217

项目20　图幅与图框设置　220

20.1　图幅设置 ………………………………………………………………… 220
20.2　图框功能 ………………………………………………………………… 221
20.3　标题栏与参数栏 ………………………………………………………… 223
20.4　顶框栏与边框栏 ………………………………………………………… 225

项目21　常用工具的使用　227

21.1　打开 DWG 文件 ………………………………………………………… 227
21.2　常用工具 ………………………………………………………………… 227
21.3　转图工具 ………………………………………………………………… 230
21.4　设计中心 ………………………………………………………………… 234

项目22　视口与打印操作　236

22.1　模型与布局 ……………………………………………………………… 236
22.2　视口 ……………………………………………………………………… 236
22.3　视口的编辑 ……………………………………………………………… 237
22.4　模型与布局综合应用 …………………………………………………… 238
22.5　打印及打印工具 ………………………………………………………… 239

项目23　序号与明细栏标注　240

23.1　序号 ……………………………………………………………………… 240
23.2　明细栏 …………………………………………………………………… 242

项目24　装配图绘制　246

24.1　装配图的绘制方法 ……………………………………………………… 246
24.2　装配图的绘制步骤 ……………………………………………………… 246

参考文献　251

项目1　认识CAXA电子图板

随着时代的信息化发展，加工制造业正在向信息化和数字化方向迈进，对技能工人的要求也越来越高，不仅要完成生产加工任务，也要完成生产环节的创新工作，将创新成果进行推广和传承，这个过程离不开识图和绘图能力的提升。手工绘图效率低、易出错、图形质量低、修改麻烦、不易长期保存且信息传递慢，而计算机辅助设计则可方便、精确、快捷地完成零件图样的绘制。CAXA系列软件中的CAXA电子图板就是一款非常优秀的国产专业平面绘图软件，其使用灵活、方便，具有良好的工作界面及丰富的功能模块，广泛应用于机械、电工电子和航空航天等诸多领域的产品图样设计，特别是近年来在国家各类技能大赛中，也得到了广泛的使用。本书主要是通过高效的"数控绘图"理念，提高技能人才CAD软件的绘图能力及绘图技巧。

1.1　CAD 技术及应用软件

在不同时期、不同行业中，计算机辅助设计（Computer Aided Design，CAD）技术在产品的设计环节发挥着非凡的作用，工程技术人员以相应CAD软件为工具，运用自身的知识和经验，完成产品或工程的方案构思、总体设计、工程分析、图形编辑和技术文档整理等工作任务。目前国内使用最广的CAD机械设计软件有以下几款：

1）**A** AutoCAD是美国的AutoDesk公司开发的通用CAD工作平台，可以用来创建、浏览、管理、输出和共享2D或3D设计图形，是国内使用最早、最广的CAD软件。

2）中望CAD机械版是广州中望龙腾软件股份有限公司开发的一款二维绘图软件，它的大部分功能都是为机械领域量身打造的，内置了一个庞大的零件库，广泛应用于重工、汽车、煤矿能源、交通水利、化工、船舶和航天等。这款软件的操作方法与AutoCAD软件基本一致。

3）CAXA电子图板机械版是北京数码大方科技股份有限公司开发的二维绘图软件，是国内推出较早的一款CAD软件，具有较高的知名度，特别适合国人使用。这款软件具有上手快、出图快、专业规范、稳定可靠和兼容性好等特点，能提供丰富的最新图库，还能低风险替代各种CAD平台，使设计工作效率大幅度提升，因此广泛应用于航空航天、装备制造、电子电器、汽车及零部件、国防军工、教育等领域。

随着国内外形势的发展，国产软件越来越得到国家和企业的广泛重视，本着支持国产软件的目的，本书将围绕CAXA电子图板软件进行功能讲解，使用户快速了解并熟练使用该软件，完成实际生产中的绘图工作。

1.2　CAXA 电子图板软件的发展历程和特点

CAXA电子图板2022是一款多文档、多标准的平面绘图软件，最新版本的软件较以前的版本进行了充分改进和优化，提供了更加专业的图库工具，设计者可使用丰富的图形资源，使设计及绘图工作得以轻松完成，同时还增加了一定的参数化设计功能，使专业用户在使用时能够更加灵活自如，如图1-1所示。

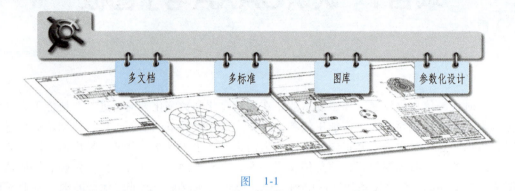

图　1-1

CAXA电子图板软件已累计更新了十几个版本，绘图、图幅、标注等都支持现行制图标准，其庞大的最新图库工具可协助用户快速完成绘图工作，管理大量的工程图资源，通过设计中心还可轻松地在所有工程图间共享各种资源。CAXA电子图板2022完全兼容AutoCAD 2021以下，从R12～2018版本的.dwg、.dxf格式文件，支持各种版本之间的双向批量转换，数据交流完全无障碍，并支持多种默认工作设置，是专业绘图工作者的得力助手。图1-2所示为软件版本的发展历程。

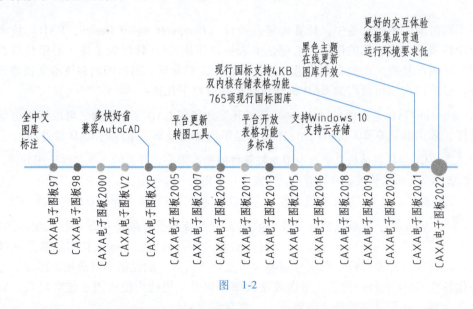

图　1-2

CAXA电子图板2022的特点如下：

1）更好的交互体验。依据视觉规律和操作习惯对CAXA电子图板界面进行了精心改良设计，使得交互方式更加简单快捷。最新的Fluent风格界面和经典界面可以轻松切换，用户上手更简单，操作效率更高。

2）数据集成贯通。CAXA电子图板数据接口支持.pdf、.jpg等格式输出，还支持图样的云分享和协作。

3）运行环境要求低。支持Windows XP/7/8/10等各种系统，且对计算机硬件要求较低。基于 CAXA 高效的资源管理技术，CAD 软件的安装和运行占用的资源都极少，1GB 内存即可流畅运行。

1.3　用户界面

用户界面是软件与用户沟通的前端平台，如图 1-3 所示。

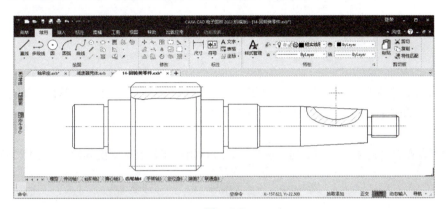

图　1-3

1.3.1　快速启动栏

快速启动栏用于组织经常使用的功能，用户可以根据需要把使用频率较高的功能添加在其中，使用时可简化操作、提高工作效率。快速启动栏主要用来进行文档的操作，如新建、打开、保存、另存为、打印、撤销及重做等操作，方便用户对文档的管理，如图 1-4 所示。

图　1-4

1.3.2　主菜单

单击位于屏幕的顶部左上角的"菜单"，可以打开主菜单，它涵盖了文件、编辑、视图、格式、幅面、绘图、标注、修改、工具、窗口以及帮助等工具，软件的所有工具在这里都能找到，有些在选项卡中没有的不常用工具也能够在这里找到，比如"合并"和"对齐"工具。主菜单如图 1-5 所示。

图　1-5

1.3.3　功能区选项卡

功能区用来显示不同的功能区选项卡，根据软件中各种工具的不同功能及不同使用频率将其分成了不同的类别，从左至右放置在不同的功能区选项卡中。选项卡由多个功能区面板组成，面板中包含了多种性质相同的工具。这种单一紧凑的界面使各种工具得以有规律地组织，方便用户快速寻找相关工具，是绘图操作的重要工具集中区，如图1-6所示。

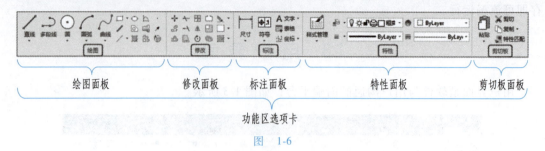

图 1-6

1.3.4 界面风格

位于窗口右上角的"风格"中包含了蓝色、深灰色、白色和黑色四种界面风格，用户可根据自己喜好选择使用，从而改变窗口的视觉效果。

1.3.5 文档标签

用户可以在打开的多个文档之间快速切换，进行相互间的数据交换等操作，如图1-7所示。

图 1-7

1.3.6 工具选项板

工具选项板是一种特殊形式的交互式工具，用来组织和放置特性、图库和设计中心工具。它平时会隐藏在界面左侧的工具条内，将光标移动到该工具条的工具选项板按钮上，对应的工具选项板就会弹出，如图1-8所示。

图 1-8

1.3.7 绘图区

绘图区是进行设计绘图的工作区域，它位于屏幕的中心区域，占据了屏幕大部分面积，如图1-9所示。在绘图区的中央设置了一个二维直角坐标系，该坐标系称为世界坐标系。

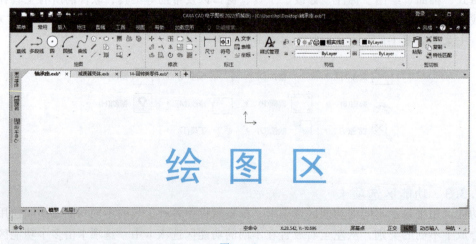

图 1-9

1.3.8 模型和布局标签

模型和布局标签位于绘图区的左下角，如图 1-10 所示。模型空间主要用来绘制零件的模型，布局空间用来引用模型空间的模型，单击标签可以在模型空间和布局空间之间进行切换。每个文件的模型空间只有一个，且排在首位，布局空间则可有多个。在任意标签上单击右键，选择"插入"项，则可插入新的布局空间。模型标签不能更改名称，布局标签则可以重新命名，而且可以使用拖拽方式调整顺序。

图 1-10

1.3.9 立即菜单

在使用某些功能时，绘图区的底部会弹出一行随选用的功能不同而变化的菜单，这个菜单称为立即菜单，如图 1-11 所示。它提供了该项功能的各种使用选项，作图时应根据当前的作图条件要求，正确地选择相应选项或合理设置参数，即可得到准确的响应。这种新型的交互方式代替了传统的逐级查找和问答式交互，更加直观和快捷。

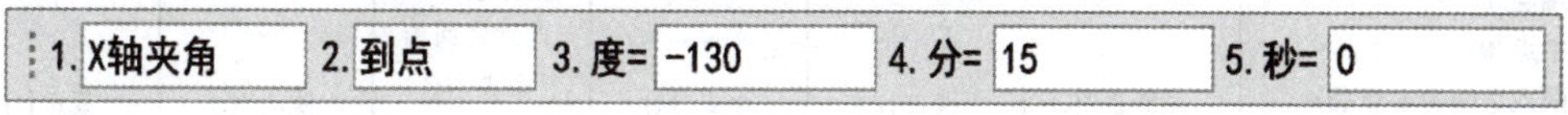

图 1-11

1.3.10 状态条

状态条位于界面最底部，用来显示当前的工作状态及当前操作的提示等信息，包括当前操作的提示信息、功能命令、光标位置、工具点设置及绘图状态等，如图 1-12 所示。

图 1-12

1.4 软件中光标的含义

在软件中执行不同的功能操作时，光标有不同的显示方式，表达不同的含义。透彻理解不同光标的含义，是与软件进行交互操作的重要基础。

1）□ 拾取框，用来进行对象的选择，常常出现在编辑修改的功能中。可以单击对象，也可以框选对象，框选分为正选和反选。

2）十 十字光标，当光标位于绘图区时，用来进行点位精确选取。经常在绘图命令中或标注某些尺寸等情况下出现。

3）╫ 标准光标，用在选择对象后需要输入精确点位的功能中，常常在夹点编辑和尺寸标注时出现，在软件中的出现频率最高。

4）⬚ 箭头，当光标位于非绘图区时，用来进行功能、选项等的选择。

5）Ⅰ 文本光标，当光标处于文本输入区时，可进行内容的选择。

6）▏ 输入光标，当光标处于文本输入区时，表示当前输入内容的位置。

拾取框和十字光标的颜色和大小可使用"工具"功能区选项卡中的"选项"工具，在对话框的“显示”和“交互”项中进行设置，如图 1-13 所示。

十字光标大小
8
大十字光标
显示
选项
交互
拾取框(P)
颜色
(0,255,128)

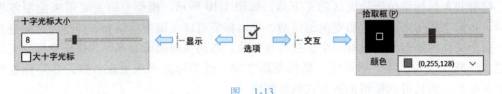

图 1-13

1.5 点线的捕捉

在绘图时，为了更加准确、快速地确定拾取点的位置，常常使用“工具点”捕捉工具来进行准确定位，比如要快速拾取对象的圆心、切点和端点等，如图 1-14 所示。通常在选择绘图工具后按键盘上的空格键，调出工具点菜单，用光标选择相应点，也可按其对应的快捷键。

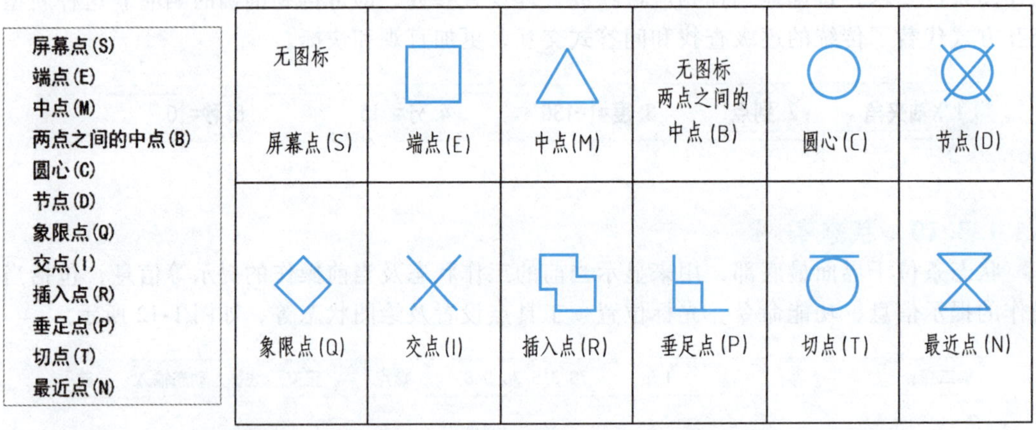

屏幕点(S)
端点(E)
中点(M)
两点之间的中点(B)
圆心(C)
节点(D)
象限点(Q)
交点(I)
插入点(R)
垂足点(P)
切点(T)
最近点(N)
无图标
屏幕点(S)
端点(E)
中点(M)
无图标
两点之间的中点(B)
圆心(C)
节点(D)
象限点(Q)
交点(I)
插入点(R)
垂足点(P)
切点(T)
最近点(N)

图 1-14

绘图中有时也需要捕捉某直线的平行方向或某曲线的延伸方向，首先必须在“捕捉设置”工具中的某种绘图模式下勾选“平行”“延伸”项，绘图时就可在对应绘图模式下进行捕捉，减少了不必要的辅助作图工作，从而提高绘图效率，见表 1-1。

表 1-1 平行及延伸的设置

//	平行（L）	— ·	延伸（X）
在导航模式下，指定曲线第一点后，将光标悬停至某一直线上，出现平行图标后，将光标移回即可创建平行对象		在非导航模式下，按下<X>键，当光标经过对象的端点时，显示对象的延长导航线，以便用户在延长导航线上指定点	

1.6 绘图模式

系统提供自由、智能、栅格和导航四种绘图模式，用户也可新建自己的绘图模式。通常在状态栏右下角进行切换，也可以按<F6>键在几种捕捉方式间进行切换。各种绘图模式的参数，可使用“工具”功能区选项卡中的“捕捉设置”工具来进行设置。

1.6.1　自由模式

此模式默认情况下关闭了所有捕捉方式，点的位置完全由光标的当前实际位置来确定，无法用光标捕捉已有对象上的特征点，如中点、象限点等。

1.6.2　智能模式

在该模式下绘图时，光标能自动捕捉对象上一些特征点，如圆心、切点、中点和端点等，使得绘图位置更加准确。

1.6.3　栅格模式

在该模式下绘图时，系统会按设置的捕捉间距值进行点位的捕捉，用户可以设置屏幕上是否显示网格或网点，光标会自动吸附到栅格点上。这种绘图模式使用较少，通常在绘制具有特定间距的图形时使用。

1.6.4　导航模式

在该模式下绘图时，可通过光标对多种特征点进行捕捉和导航，使得绘图更加方便和快捷。在机械绘图中，该模式使用得最多。

1.7　参数化绘图

CAXA 电子图板具有一定的参数化控制图形功能，可通过更改尺寸值的方式来改变图形的大小和位置。该软件的参数化功能还不太完善，使用的灵活性有待提升，建议初学者尽量少用。参数化功能的具体使用方法将在项目 15 中讲解。

1.8　图　　库

在设计过程中，标准件一般是不需要绘制的，系统提供了具有大量标准件和常用图形的资源图库工具，如图 1-15 所示。用户可根据需要直接调用标准件或常用图形，选用相应的型号、视图，修改相应的参数即可使用。也可以将调入窗口的标准件分解进行编辑。

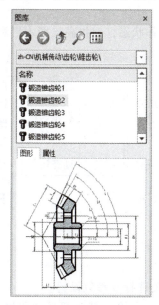
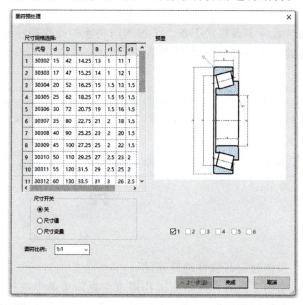

图　1-15

1.9　绘图工作流程

1）根据用户喜好，进行必要的参数及路径设置。

2）使用绘图工具，在模型空间进行图形的绘制。

3）在布局空间添加图框、标题栏等图幅要素，并添加信息。

4）使用视口工具，在布局空间引用模型空间中需要表达的图形。

5）对工程图进行尺寸及符号的标注。

6）补充图样的其他信息。

推荐专业用户采用该绘图工作流程，可为产品的设计及大量图样管理和修改工作带来方便。对于非专业用户及学生，可以直接在模型空间完成上述工作。该绘图工作流程可以根据用户的实际情况进行调整。

1.10　常用文件格式

CAXA 电子图板可与多种文件交换资源信息，同时还有自身的内置资源。常用文件格式见表 1-2。

表 1-2　常用文件格式

文件	电子图板文件	DWG 文件	DXF 文件	WMF 文件	DAT 文件
格式	. exb	. dwg	. dxf	. wmf	. dat
文件	IGES 文件	模板文件	图框文件	标题栏文件	参数栏文件
格式	. igs	. tpl	. cfm	. chd	. cpt

1.11　绘图注意要点

初学者应多观察状态条，了解当前功能的操作提示及工作状态，对提高绘图水平和速度大有益处。图 1-16 所示为状态条详解。

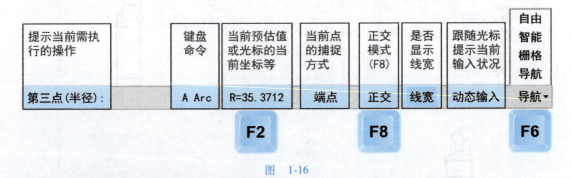

图　1-16

1）操作时应与软件进行互动。

2）使用工具时，应根据工作需求在立即菜单中进行相关选择及参数设置。

3）在绘制圆弧时，需注意角度的正、负值及绘制方向。在输入某些圆弧的角度值时，有时只能输正值，有时需要通过输入负值来调整方向。

4）角度线的夹角值可以为正值或负值，正值为逆时针方向，负值为顺时针方向。

5）该软件中图形沿逆时针方向旋转时，旋转角度为正值。

在绘制图1-17所示图形的过程中，可以将72°角度线与X轴交角设置为【108】度或【-72】度，还可以将其与Y轴交角设置为【18】度等。

顶端AB圆弧可使用"圆心_半径_起终角"功能一次绘制完成，在立即菜单中设定"半径【50】、起始角【60】、终止角【150】"，指定圆心后即可绘出。当使用"圆心_起点_圆心角"功能绘制时，起点如果选择A点，圆心角则需输入【-90】度，起点如果选择B点，则可以直接使用光标单击A点，也可输入圆心角【90】度。

2×φ16及2×φ8圆可以先绘制一组，然后使用旋转工具绘制另一组。如果先绘制左侧两同心圆，绘制右侧时的旋转角度则为【-90】度，如果先绘制右侧两同心圆，绘制左侧时的旋转角度则为【90】度。绘图过程中用户应勤于总结。

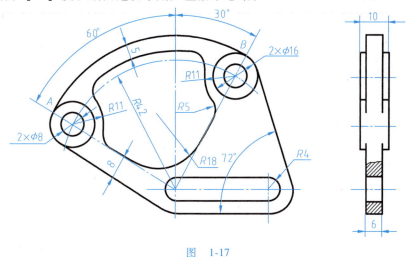

图 1-17

1.12 交互式操作

计算机的操作多为交互式操作，也就是"人与机"的交互，人通过鼠标和键盘向计算机传递信息，计算机通过显示器向人传递信息，比如图标的亮显或灰显、状态栏显示的提示信息和窗口中对象的状态等。当用光标选择某一对象后，系统就会将下一步可能的操作列在右键菜单中，供用户选择。所以在操作计算机时，不能只按自己的想法去操作，这是初学者最容易犯的错误，要注意计算机的反馈信息，与计算机进行时时交互，这样才能正确地进行操作。本软件常用的鼠标操作见表1-3。

表 1-3　常用的鼠标操作

键名	图标	操作名称	操作及主要用途
左键		单击	点击鼠标左键一次。当从多个对象中单击某一个对象时，也被称为点选 主要用来选择工具、对象或放置绘图点等
		双击	快速点击鼠标左键两次 双击对象打开进一步编辑窗口

（续）

键名	图标	操作名称	操作及主要用途
中键		按压	按住中键不松并移动鼠标 用来移动窗口
		滚动	前后推动滚轮 用来缩放窗口
		双击	快速点击中键两次 用来全屏显示窗口
右键		单击右键	点击鼠标右键一次 用来显示右键菜单或重复上一操作
		双击右键	快速点击鼠标右键两次 用来取消当前功能后再次使用该功能

项目2 数 据 输 入

本书着重推广高效的"数控绘图"理念，针对图素采用数字化控制的方式来绘图。绘图区中的系统坐标系使得其中的任意一点都具有了对应的坐标，此时就可以通过输入坐标的方式达到准确绘图的目的。坐标值可以使用绝对坐标、相对坐标和极坐标等多种方式进行输入，输入框中支持数学及常用函数运算功能。

对于长度值、半径值等数值，可以通过坐标控制，也可以直接输入，这种方法称为数值输入，就是在绘制第一点后，将光标移动至任何方向上，输入一个任意数值，这个数值为第一点至光标方向上的距离值，如果输入的为负值，则方向相反。

绘图过程中经常会用到参考点。参考点是系统自动设定的相对坐标的参考基准，它通常是用户最后一次操作点的位置。用户也可以重新指定，即按键盘上<F4>键后，单击相应点，或通过键盘输入参考点的坐标值，这个点即为新的参考点，绘图时则可参考该点的位置来确定其他点的位置，从而使绘图变得更加简便。

2.1 绝对坐标输入

绝对坐标值是相对当前坐标系而言的。它的输入方法很简单，可直接通过键盘输入某点的坐标（x，y），在状态栏的左端会提示操作信息，并显示键盘输入内容。输入 x、y 坐标时，横坐标 x 和纵坐标 y 值之间必须用逗号隔开，逗号最好使用半角格式，否则在使用其他方式输入时可能导致操作失败。本书中将坐标值、长度值和半径值都放置在【】内，通过键盘输入数据时不用输入方括号。图 2-1 所示为绝对坐标输入方式。

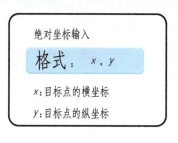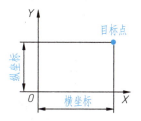

图 2-1

应用实例【2-1】

绝对坐标输入应用实例如图 2-2 所示，绘图分析见表 2-1。

【步骤1】 在"常用"功能区选项卡的"绘图"面板中，单击"直线"功能图标下拉菜单中的"两点线"功能图标"/"，在立即菜单中单击选择"连续"方式→输入坐标原点

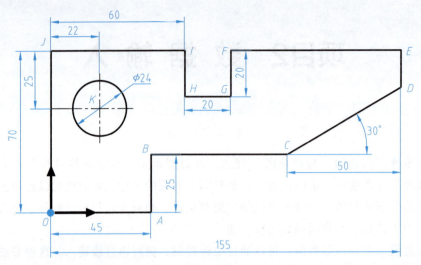

图 2-2

表 2-1　绘图分析

图形分析	该实例外轮廓由直线组成,可以使用"两点线"功能一次绘出,坐标原点设置在外轮廓左下角点,所有点的坐标都为正值,绘图较为方便	
绘图模式	智能或导航	
输入方式	绝对坐标输入	

的坐标【0,0】后按回车键" Enter↵ "确认,即可将直线的起点放置在坐标原点(也可以单击坐标原点)→输入下一点的坐标【45,0】后按回车键确认,其他点可参照表 2-2 依次输入,直至零件的外轮廓绘制完成。

表 2-2　图形中绘图点的坐标值

绘图点	绝对坐标	绘图点	绝对坐标
O	0,0	F	60+20,70
A	45,0	G	60+20,70-20
B	45,25	H	60,70-20
C	155-50,25	I	60,70
D	$155,25+50 * \tan(30)$	J	0,70
E	155,70		

注:1. 输入的逗号必须为半角格式,否则采用其他方式输入坐标时可能会导致操作失败。

　　2. 输入坐标后需按回车键确认。

【步骤 2】　绘制完成后,单击鼠标右键或按<Esc>键" Esc "取消该功能。

【步骤 3】　在"常用"功能区选项卡的"绘图"面板中,单击"圆"功能图标" ⊙ "下拉菜单中的"圆心_半径"功能图标" ⊘ ",在立即菜单中选择"直径"输入方式→输入圆心坐标【22,70-25】后按回车键确认→输入直径尺寸【24】后按回车键确认→单击鼠标右键取消该功能，零件轮廓已绘制完成。

【步骤4】　在"绘图"面板中，单击"中心线"功能图标" ✏ "，在立即菜单中将"延伸长度"项设定为"2"或"3"→单击绘制的圆，完成圆的中心线绘制，单击右键取消该功能。

【步骤5】　在"常用"功能区选项卡的"标注"面板中，单击"尺寸"功能图标"⊢⊦"，在立即菜单中选择"基本标注"方式→单击 OA 直线→鼠标移到合适位置单击即可完成尺寸"45"的标注（如果标注时出现直径符号，应将立即菜单中的"直径"方式改为"长度"方式）。

【步骤6】　尺寸"25""20""60""70"可按上述方式完成标注。

【步骤7】　继续使用"基本标注"方式→单击 CD 斜线→鼠标移到合适位置单击即可完成尺寸"50"的标注（标注时，需将"平行"方式改为"正交"方式）。

【步骤8】　继续分别单击 CD、BC 直线→鼠标移到合适位置单击即可完成角度"30°"的标注。

【步骤9】　继续单击 JO 直线及图中的圆（不必非要单击圆心，也可单击中心线的端点进行标注）→鼠标移到合适位置单击即可完成尺寸"22"的标注。同理完成尺寸"25"的标注。

【步骤10】　继续单击图中的圆→将立即菜单中的"半径"方式改为"直径"方式→鼠标移到合适位置单击即可完成尺寸"φ24"的标注。

【步骤11】　按<F3>键" F3 "全屏显示→保存文档。

应用实例【2-2】

绝对坐标输入应用实例如图 2-3 所示，绘图分析见表 2-3。

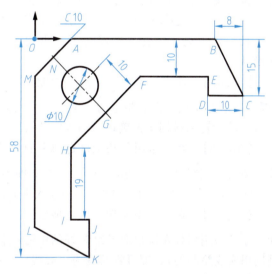

图　2-3

表 2-3　绘图分析

图形分析	该实例外轮廓由直线组成，且沿-45°方向上呈现对称结构，为便于绘图，坐标原点设置在左上角点对称轴上，可以绘制一半轮廓后使用"镜像"功能完成另一半轮廓的绘制
绘图模式	智能或导航
输入方式	绝对坐标输入

【步骤1】　在"常用"功能区选项卡的"绘图"面板中，单击"直线"功能图标下拉菜单中的"两点线"功能图标，在立即菜单中选择"连续"方式→输入第一点的坐标【10，0】后按回车键确认→输入下一点的坐标【58-8,0】后按回车键确认。其他点可参照表 2-4 依次输入，直至零件的外轮廓绘制完成。

表 2-4　图形中绘图点的坐标值

绘图点	绝对坐标	绘图点	绝对坐标
A	10,0	D	$58-10,-15$
B	$58-8,0$	E	$58-10,-10$
C	$58,-15$	F	$58-10-19,-10$

【步骤 2】　在"常用"功能区选项卡的"修改"面板中，单击"镜像"功能图标"◁|▷"，在立即菜单中选择"拾取两点、拷贝"方式→用鼠标左键框选所有图线（最好从右向左框选），然后单击鼠标右键确认拾取对象的操作→状态栏中提示输入"第一点"时，单击坐标原点 O→输入第二点坐标【5，-5】后按回车键确认（第二点坐标的数值大小可以是任意数，但 x、y 数值必须相等）完成图形的镜像。

【步骤 3】　使用"两点线"功能，在立即菜单中选择"单根"方式→分别单击 A、M 点，再单击 F、H 点→单击鼠标右键结束绘制。

【步骤 4】　使用"中心线"功能，分别单击 AB 和 LM 直线，进行中心线的绘制→取消该功能后，单击该中心线，单击右下方的矩形夹点，将十字光标移动至 FH 的中点 G 并单击，将中心线的下端点移动至 G 点→再次单击该矩形夹点→沿该中心线延伸方向拖长一定距离（需在导航模式下，出现沿直线方向的导航线）→输入【3】后按回车键确认。

【步骤 5】　使用"圆心_半径"功能，在立即菜单中选择"直径"方式→按<F4>键" F4 "→单击 G 点，将 G 指定为参考点，将光标移动到 N 点或中心线的左上端点，不要单击→输入【10】后按回车键确认→输入圆的直径【10】后按回车键确认→取消该功能。

【步骤 6】　在"常用"功能区选项卡的"绘图"面板中，单击"直线"功能图标下拉菜单中的"切线/法线"功能" ✕ "，在立即菜单中选择"法线、对称、到点"方式→单击中心线 GN→再单击"$\phi10$"的圆心→输入中心线长度【16】后按回车键确认。

【步骤 7】　在"常用"功能区选项卡的"剪切板"面板中，单击"特性匹配"功能图标" 🖳 "→用鼠标左键拾取已绘制好的中心线作为源对象→单击刚绘制的中心线（因之前是用粗实线绘制的），即可将其变为中心线→按<ESC>键取消该功能，零件轮廓绘制完成。

【步骤 8】　使用"尺寸标注"功能，选择"基本标注"方式，按之前实例的方法对图中的尺寸进行标注。

【步骤 9】　在"标注"功能区选项卡的"符号"面板中，单击"倒角标注"功能图标" ⅄ "，在立即菜单中选择"C1"方式→单击 AM 直线→鼠标移动至合适位置后，单击完成倒角尺寸"$C10$"的标注。

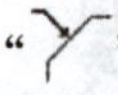

【步骤 10】　按<F3>键全屏显示→保存文档。

2.2　相对坐标输入

相对坐标是相对前一点而言的，与坐标系无关，输入相对坐标时必须在第一个数值前面加上@符号，以表示其后输入的 x、y 值都为相对前一点的增量值。例如：输入【@54，-77】，它表示目标点相对前一点而言，在 x 方向上增加了 54，在 y 方向上减少了 77。正号表示增量方向与坐标轴方向相同，可以省略，负号表示增量方向与坐标轴方向相反。图 2-4

所示为相对坐标输入方式。

图 2-4

应用实例【2-3】

相对坐标输入应用实例如图 2-5 所示,绘图分析见表 2-5。

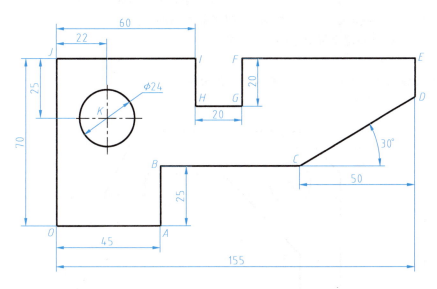

图 2-5

表 2-5 绘图分析

图形分析	使用实例【2-1】图样,不必设定绘图原点,绘制该图形时可以从外轮廓上任意一点开始,然后采用逆时针或顺时针方向进行连续绘制,一次性完成外轮廓绘制。本例从 O 点开始,按逆时针方向绘制,用户可以尝试按顺时针方向绘制	
绘图模式	智能或导航	
输入方式	相对坐标输入	

【步骤 1】 在"常用"功能区选项卡的"绘图"面板中,单击"直线"功能图标下拉菜单中的"两点线"功能图标"/",在立即菜单中单击选择"连续"方式→用鼠标在绘图区任意位置单击→输入下一点的坐标【@45,0】后按回车键确认。其他点可参照表 2-6 依次输入,按逆时针方向绘制由直线组成的外轮廓。

表 2-6　图形中绘图点的坐标值

绘图点	相对坐标	绘图点	相对坐标
A	@ 45,0	G	@ 0,-20
B	@ 0,25	H	@ -20,0
C	@ 155-50-45,0	I	@ 0,20
D	@ 50,50 * tan(30)	J	@ -60,0
E	@ 0,70-25-50 * tan(30)	O	@ 0,-70
F	@ 60+20-155,0		

【步骤2】　在"常用"功能区选项卡的"绘图"面板中，单击"圆"功能图标"⊙"下拉菜单中的"圆心_半径"功能图标"⌀"，在立即菜单中选择"直径"输入方式→按<F4>键→单击 J 点，即可将该点指定为参考点→输入圆心坐标【@ 22,-25】后按回车键确认→输入直径尺寸【24】后按回车键确认→单击鼠标右键取消该功能。

【步骤3】　中心线的绘制及尺寸标注参照之前实例的方法进行。

【步骤4】　按<F3>键全屏显示→保存文档。

应用实例【2-4】

相对坐标输入应用实例如图 2-6 所示，绘图分析见表 2-7。

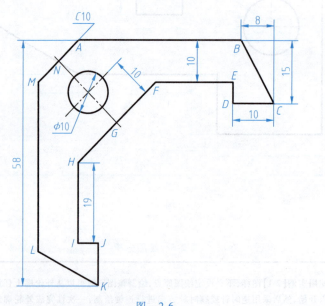

图　2-6

表 2-7　绘图分析

图形分析	使用实例【2-2】图样，不必设定绘图原点	
绘图模式	智能或导航	
输入方式	相对坐标输入	

【步骤1】　使用"两点线"功能，在立即菜单中选择"连续"方式→在绘图区中任意位置单击作为起点→输入下一点坐标【@ 58-10-8,0】后按回车键确认。其他点可参照

表2-8依次输入，完成右半部分的外轮廓绘制。

表 2-8　图形中绘图点的坐标值

绘图点	相对坐标	绘图点	相对坐标
A	起点	D	@-10,0
B	@58-10-8,0	E	@0,15-10
C	@8,-15	F	@-19,0

【步骤2】　使用"镜像"功能，在立即菜单中选择"拾取两点"方式→用鼠标左键框选所有图线（最好从右向左框选），然后单击鼠标右键确认拾取对象操作→状态栏中提示输入"第一点"时，按<F4>键→单击A点，将A点指定为参考点→输入第一点坐标【@-10, 0】后按回车键确认→输入第二点坐标【@5,-5】后按回车键确认，完成图形的镜像。

【步骤3】　使用"两点线"功能，在立即菜单中选择"单根"方式→分别单击A、M点，再单击F、H点→单击鼠标右键结束绘制。

【步骤4】　使用"中心线"功能，分别单击AB、LM直线→单击鼠标右键取消该功能→调整"中心线"至合适长度。

【步骤5】　使用"圆心_半径"功能→按<F4>键→单击G点，将G点指定为参考点→输入【@-10*cos(45),10*sin(45)】后按回车键确认→输入圆的直径【10】后按回车键确认→取消该功能。

【步骤6】　使用"切线/法线"功能→绘制"φ10"圆的中心线。

【步骤7】　使用"尺寸标注"功能，选择"基本标注"方式，按之前实例的方法对图中的尺寸及倒角进行标注。

【步骤8】　按<F3>键全屏显示→保存文档。

2.3　极坐标输入

点的坐标也可以用极坐标的方式表示，任何一点至前一点的距离称为极径，两点的连线与X轴正方向之间的夹角为极角，极角按逆时针方向计算，如图2-7所示。例如：@65<30，它表示目标点至前一点的距离为65，目标点与前一点的连线与X轴的夹角为30°。极径与极角都可以输入正负值，正号为逆时针方向旋转角度，负号为顺时针方向旋转角度。

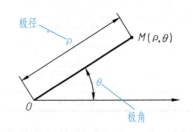

图　2-7

应用实例【2-5】

极坐标输入应用实例如图2-8所示，绘图分析见表2-9。

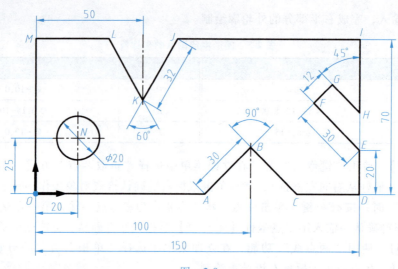

图 2-8

表 2-9　绘图分析

图形分析	该实例外轮廓由直线组成,角度线较多,且已知其长度,所以用极坐标方式输入较为方便,尽量使用直线功能一次性画出其外轮廓	
绘图模式	智能或导航	
输入方式	绝对坐标输入、极坐标输入	

【步骤1】　在"常用"功能区选项卡的"绘图"面板中,单击"直线"功能图标下拉菜单中的"两点线"功能图标,在立即菜单中单击"连续"方式→输入坐标原点的坐标【0,0】后按回车键确认→输入下一点的极坐标【@ $100-30*\sin(45)<0$】后按回车键确认。其他点可参照表 2-10 依次输入,完成直线轮廓的绘制。

表 2-10　图形中各绘图点的坐标值

绘图点	极坐标	绘图点	极坐标
O	0,0	H	@ $30-12<-45$
A	@ $100-30*\sin(45)<0$	I	@ $70-20-12/\sin(45)<90$
B	@ $30<45$	J	@ $150-50-32*\sin(30)<180$
C	@ $30<-45$	K	@ $32<-120$
D	@ $150-100-30*\sin(45)<0$	L	@ $32<120$
E	@ $20<90$	M	@ $50-32*\sin(30)<180$
F	@ $30<135$	O	@ $70<270$
G	@ $12<45$		

【步骤2】　在"常用"功能区选项卡的"绘图"面板中,单击"圆心_半径"功能图标,在立即菜单中选择"直径、有中心线、中心线延伸长度【2 或 3】"方式→输入圆心坐标【@ $sqrt(20^2+25^2)<atan(25/20)$】后按回车键确认→输入直径尺寸【20】后按回车键确认→单击鼠标右键取消该功能,此刻零件轮廓绘制完成。

【步骤3】　依照之前实例的方法,在"绘图"面板中,单击"中心线"功能图标,在立即菜单中将"延伸长度"项设定为 2 或 3→分别单击 *AB*、*BC* 斜线→分别单击 *JK*、*KL* 斜线→单击鼠标右键取消该功能。

【步骤4】 在"常用"功能区选项卡的"标注"面板中，单击"尺寸"功能图标，在立即菜单中单击"基本标注"方式→单击图中的圆→鼠标移到合适位置单击即可完成尺寸"φ20"的标注。

【步骤5】 继续单击 *OM* 直线及图中的圆→鼠标移到合适位置单击即可完成尺寸"20"的标注。

【步骤6】 尺寸"25""100""150""20""70""50"可按上述方式完成标注。

【步骤7】 继续单击 *J*、*K* 点→鼠标移到合适位置单击即可完成尺寸"32"的标注（注意"平行"方式与"正交"方式的切换）。同理标注尺寸"30""12"。

【步骤8】 继续单击 *AB*、*BC* 斜线→鼠标移到合适位置单击即可完成角度"90°"的标注。

【步骤9】 角度"45°""60°"可按上述方式完成标注。

【步骤10】 按<F3>键全屏显示→保存文档。

2.4 数 值 输 入

如图 2-9 所示，数值输入方式通常情况下在绘制完图素的第一点后使用，主要用数值来控制图素的大小，如圆弧的半径值、线段的长度值等，也可以用来控制两点及其连线方向上的距离，连线方向是由第一点指向光标所在位置的方向。

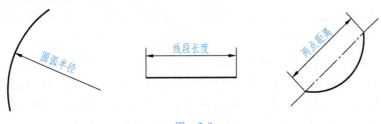

图 2-9

应用实例【2-6】

数值输入应用实例如图 2-10 所示，绘图分析见表 2-11。

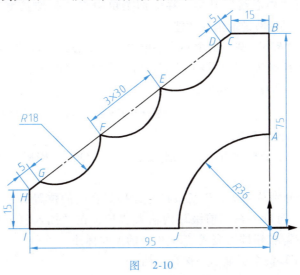

图 2-10

表 2-11　绘图分析

图形分析	该实例外轮廓由圆弧和直线组成,斜边上的三段圆弧需在智能和导航模式下绘制,将绘图原点设置在 R36 圆弧圆心处,绘图较为方便	
绘图模式	智能或导航	
输入方式	数值输入	

【步骤1】 在"常用"功能区选项卡的"绘图"面板中,单击"圆弧"功能图标"⌒"下拉菜单中的"圆心_半径_起终角"功能图标"⍦",在立即菜单中设定"半径【36】、起始角【90】、终止角【180】"→输入坐标原点的坐标【0,0】后按回车键确认。

【步骤2】 按之前实例的方法使用"两点线"功能,在立即菜单中选择"连续"方式→按<F8>键"⏹",打开"正交"模式→单击 J 点→光标向 X 轴负方向移动一段距离,输入长度【95-36】后按回车键确认→光标向 Y 轴正方向移动一段距离,输入长度【15】后按回车键确认→单击鼠标右键取消该功能。

【步骤3】 单击鼠标右键重复该功能(也可按空格键)→单击 A 点→光标向 Y 轴正方向移动一段距离,输入长度【75-36】后按回车键确认→光标向 X 轴负方向移动一段距离,输入长度【15】后按回车键确认→按<F8>键关闭"正交"模式→光标移动到 H 点,不要单击→输入长度【5】后按回车键确认→连续单击两次鼠标右键→单击 H 点→光标移动到 D 点后输入长度【5】,按回车键确认。

【步骤4】 单击"圆弧"功能下拉菜单中的"两点_半径"功能图标"⌒"→单击 G 点→光标移动到 D 点,输入长度【30】后按回车键确认→光标移动到 FG 两点右下方(应与图中圆弧相似),输入半径【18】后按回车键确认→单击右键重复该功能→单击 F 点→光标移动到 D 点,输入长度【30】后按回车键确认→光标移动到 EF 两点右下方,输入半径【18】后按回车键确认→单击鼠标右键重复该功能→分别单击 D、E 点→光标移动到 DE 两点右下方,输入半径【18】后按回车键确认。

【步骤5】 使用"中心线"功能,在立即菜单中将"延伸长度"项设定为3→单击"R36"的圆弧→单击鼠标右键取消该功能。

【步骤6】 单击"R36"圆弧的中心线→单击水平中心线右侧的三角形夹点,输入其长度【36+6】后按回车键确认。依照该方法调整另一条中心线的长度(也可调整方形夹点)。

【步骤7】 使用"两点线"功能,在"常用"功能区选项卡的"特性"面板中,单击"图层"窗口中的"中心线层"　💡 ☀ 🔓 🖨 ■中心线层 ,将其设为当前图层→分别单击 G、D 点→单击鼠标右键取消该功能。

【步骤8】 依照之前的标注方法,分别完成尺寸"R36""R18""95""75""15""5"的标注。

【步骤9】 继续分别单击 E、F 点→将光标移到合适的位置后单击鼠标右键,将弹出"尺寸标注属性设置"窗口→在"前缀"内输入"3",在"插入"下拉菜单中,单击选取"×"号→单击"确定"按钮即可完成"3×30"的尺寸标注。

【步骤10】 按<F3>键全屏显示→保存文档。

2.5　动　态　输　入

　　动态输入方式可以提示当前操作，并显示光标的位置等信息，如图2-11所示。使用不同的绘图功能，提示信息不同，同一操作功能进行到不同步骤时，提示信息也不同。动态输入前，首先要将光标移至绘图的大致位置上，系统才能更好地提示相关数据信息，然后输入具体数值，最好不要使用计算输入方式，此方法可以辅助初学者进行绘图。

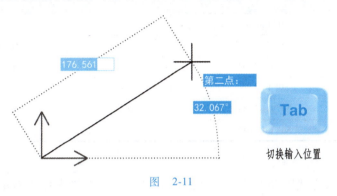

图　2-11

应用实例【2-7】

　　动态输入应用实例如图2-12所示，绘图分析见表2-12。

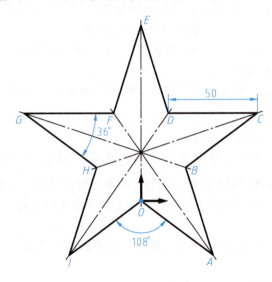

图　2-12

表 2-12　绘图分析

图形分析	五角星的轮廓都由倾斜直线组成，可以使用"两点线"功能连续绘制，将绘图原点设置在 O 或 E 点，绘图较为方便	
绘图模式	导航	
输入方式	动态输入	

【步骤1】 在软件窗口的右下角，单击"动态输入"方式。

【步骤2】 使用"两点线"功能，并选择"连续"方式→输入【0"Tab"0】后按回车键，将直线第一点放置在原点→将光标移至第二点的大致方向上→输入第二点的数值【50"Tab"36】后按回车键确认→同理移动光标后，输入下一点的数值【50"Tab"108】后按回车键确认。其他点可参照表2-13依次输入，直至外轮廓绘制结束。

表2-13 图形中各绘图点的坐标值

绘图点	输入数值	绘图点	输入数值
O	0"Tab"0	F	50"Tab"108
A	50"Tab"36	G	50"Tab"180
B	50"Tab"108	H	50"Tab"36
C	50"Tab"36	I	50"Tab"108
D	50"Tab"180	O	50"Tab"36
E	50"Tab"108		

操作提示：

1）在动态输入方式下绘制直线，在绘制第二点时，需将光标移至第二点的大致方向上，动态提示才更加直观。

2）第一个输入框中的数值为直线的长度，第二个输入框中的数值为直线与X轴正方向所夹小于180°的角度值，输入长度后，按<Tab>键切换至角度输入框。

3）<Tab>键只能切换一次，不能来回切换修改数值。

【步骤3】 使用"中心线"功能，分别单击EF和ED直线，进行中心线的绘制→取消该功能后，按图调整中心线的长度。

【步骤4】 在"常用"功能区选项卡的"绘图"面板中，单击"圆"功能图标下拉菜单中的"三点"功能图标"⌬"→依次单击I、A、E点进行三点圆的绘制。此步骤的目的是找到五角星的中心点，即该圆的圆心。

【步骤5】 在"常用"功能区选项卡的"修改"面板中，单击"阵列"功能图标"▦"，在立即菜单中选择"圆形阵列、旋转、均布、份数【5】"方式→单击中心线后，单击鼠标右键确认选择→再次单击圆心，将阵列中心点设定在圆心处，完成中心线的阵列→单击圆→按<Delete>键删除该圆。

【步骤6】 使用"尺寸标注"功能，选择"基本标注"方式→按之前讲解的方法对图中的尺寸进行标注。

【步骤7】 按<F3>键全屏显示→保存文档。

2.6 用户坐标系

绘图过程中，有时使用系统坐标系输入坐标很困难，有时需要在其他位置上进行绘图，用户可以根据自己的需求建立一个用户坐标来解决上述问题。新建坐标系必须具有唯一的名称。新建坐标系可以通过定义新的原点及X轴方向来建立，也可以通过图形对象自动建立，各坐标系可以通过<F5>键进行切换，如图2-13所示。在坐标系显示功能中可以设置坐标系的显示方式，也可以设置当前坐标系的显示颜色，更适合用户的操作习惯。

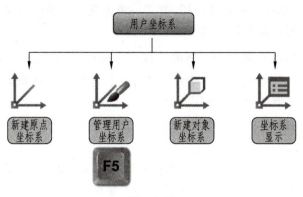

图　2-13

应用实例【2-8】

用户坐标系应用实例如图 2-14 所示，绘图分析见表 2-14。

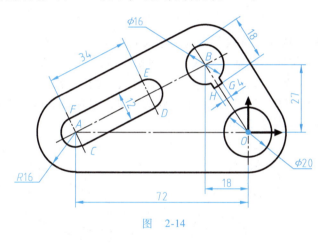

图　2-14

表 2-14　绘图分析

图形分析	该图形的倾斜结构较多,直接绘制较为烦琐,可以使用新建坐标系的方法分部分绘制,先将绘图原点设置在 φ20 圆心处	
绘图模式	智能或导航	
输入方式	绝对坐标输入	

【步骤1】　使用"两点线"功能，并在"常用"功能区选项卡的"特性"面板中，单击"图层"下拉菜单中的"中心线层"，将该层设定为当前图层，在立即菜单中选择"连续"方式→输入坐标原点的坐标【0,0】后按回车键确认，将直线的起点放置在原点→输入下一点的坐标【-72,0】后按回车键确认→继续输入下一点的坐标【-18,27】后按回车键确认→输入下一点的坐标【0,0】后按回车键确认→单击鼠标右键取消该功能，如图 2-15 所示。

【步骤2】　单击"特性"面板"图层"下拉菜单中的"粗实线层"，将其设定为当前图层。

【步骤3】　在"修改"面板中，单击"等距线"功能图标"⌐"，在立即菜单中选择

"链拾取、指定距离、单向、距离【16】"方式→单击任意一条中心线→单击轮廓外侧箭头方向，完成等距线绘制，如图2-15所示。

【步骤4】 在"修改"面板中，单击"过渡"功能图标"□"下拉菜单中的"多圆角"功能图标"◁"，在立即菜单中输入半径【16】后按回车键确认→单击上步绘制的等距线→单击鼠标右键取消该功能，如图2-15所示。

【步骤5】 单击"圆心_半径"功能图标"⊘"→选择"直径"输入方式→输入圆心坐标【0,0】后按回车键确认→输入直径尺寸【20】后按回车键确认→连续单击鼠标右键两次→单击B点，绘制"φ16"的圆→单击鼠标右键取消该功能，如图2-15所示。

【步骤6】 在"视图"功能区选项卡的"用户坐标系"面板中，单击"新建原点坐标系"功能图标"⊥"，在立即菜单中将新建坐标系命名为"a"（坐标系可以任意命名，但不能重名）→先单击A点，再单击B点→"a"坐标系便建立完成，并成为当前坐标系，如图2-15所示。

【步骤7】 在"常用"功能区选项卡的"绘图"面板中，单击"多段线"功能图标"╮"，在立即菜单中选择"直线"方式→输入C点坐标【0,-6】后按回车键确认→输入D点坐标【34,-6】后按回车键确认→改用"圆弧"方式→输入E点的坐标【34,6】后按回车键确认→改用"直线"方式→输入F点的坐标【0,6】后按回车键确认→改用"圆弧"方式→输入C点的坐标【0,-6】后按回车键确认→单击鼠标右键取消该功能，如图2-16所示。各绘图点绝对坐标值见表2-15。

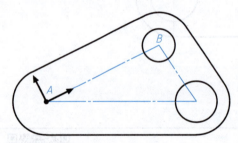

图 2-15

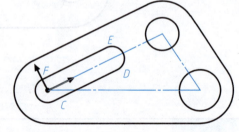

图 2-16

表2-15 "a"坐标系下的各绘图点绝对坐标值

绘图点	C	D	E	F
坐标	0,-6	34,-6	34,6	0,6

【步骤8】 使用"中心线"功能→单击CF和DE圆弧。

【步骤9】 在"视图"功能区选项卡的"用户坐标系"面板中，单击"新建对象坐标"功能图标"↙"，单击OB斜线（单击位置需靠近B点）。此时坐标原点被设定在B点，系统会自动沿直线上该点的切线方向建立X轴，沿法线方向建立Y轴，该坐标系的名称被自动命名为"未命名"，并将其设定为当前坐标系（对象坐标系有且只有一个，再次新建时，之前的对象坐标系将被取代），如图2-17所示。

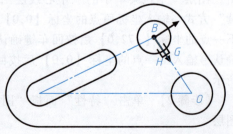

图 2-17

【步骤10】　使用"两点线"功能→输入 G 点坐标【10,2】后按回车键确认→输入 H 点的坐标【10,-2】后按回车键确认→按<F8>键切换成"正交"模式→将光标向当前坐标系的 X 轴负方向移动一定距离后单击左键→连续单击鼠标右键两次，重复"两点线"功能→单击 G 点，向同方向移动光标后再次单击→单击鼠标右键取消该功能，如图2-18所示。

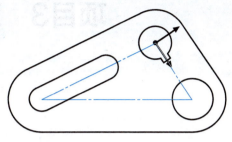

【步骤11】　在"常用"功能区选项卡的"修改"面板中，单击"裁剪"功能图标"⟍╌"→在立即菜单中选择"快速裁剪"方式→单击不需要的直线和圆弧段，完成多余部分的裁剪。

图　2-18

【步骤12】　在"视图"功能区选项卡的"用户坐标系"面板中，单击"管理用户坐标系"功能图标"◢"，将"世界"坐标系设为当前坐标系，也可以按<F5>键"F5"在各坐标系之间进行切换。

【步骤13】　按之前的方法调整各条中心线的长度。

【步骤14】　按<Ctrl+A>键全选所有图素（也可以用鼠标框选）→在"常用"功能区选项卡的"修改"面板中，单击"删除"功能图标"◣"下拉菜单中的"删除重线"功能图标"◣"，即可删除多余重线。

【步骤15】　使用"尺寸"功能完成尺寸标注。

【步骤16】　按<F3>键全屏显示→保存文档。

项目3 对象操作

3.1 对象概念

在 CAXA 电子图板中，绘图区中的各种曲线、文字、块、图框、图片等元素实体，简称为对象。一个能够单独拾取的实体就是一个对象，块类对象中还可以包含若干个子对象。绘图的过程，除了编辑环境参数，实际上就是生成对象和编辑对象的过程。

对象包含七大类，即基本曲线对象、标注类对象、文字类对象、块类对象、图幅元素类对象、图片/OLE 对象和引用对象，如图 3-1 所示。

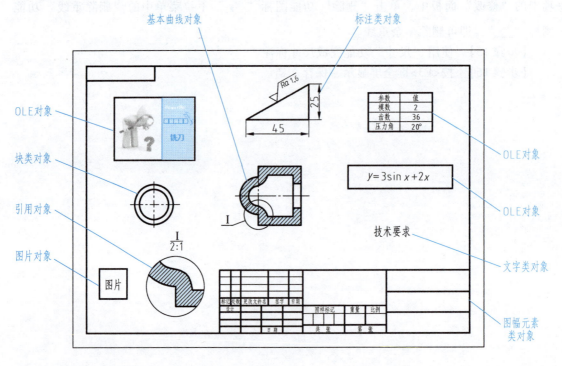

图 3-1

3.2 拾取对象

软件中如果需要操作某一对象或某些对象，需要用鼠标左键选中对象，这个过程称为拾取对象。拾取的方法有点选、框选及全选。

3.2.1 点选

点选是指将光标移动到对象内的线条或实体上单击，该实体会直接处于被选中状态，其上将显示可控制的夹点，经常用来拾取单个对象。

3.2.2 框选

框选是指在绘图区中选择两个对角点形成选择框，用来拾取对象。框选不仅可以选择单个对象，还可以一次性选择多个对象。框选分为正选和反选两种形式，如图3-2所示。

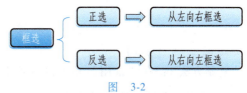

图 3-2

1）正选是指在选择过程中，第一角点在左侧，第二角点在右侧（即第一点的横坐标小于第二点的横坐标）。正选时，选择框色调为浅蓝色，选择框线为实线。在正选时，只有对象完全位于选择框内时，对象才会被选中，如图3-3所示。

2）反选是指在选择过程中，第一角点在右侧，第二角点在左侧（即第一点的横坐标大于第二点的横坐标）。反选时，选择框色调为浅绿色，选择框线为虚线。在反选时，只要对象的一部分处于选择框内，则该对象就会被选中，如图3-4所示。

图 3-3

图 3-4

3.2.3 全选

全选可以将绘图区中能够选中的对象一次性全部拾取。全选的快捷键为<Ctrl+A>。如果拾取过滤设置设定某些对象不能选择，或者锁定了某一图层，那么这些对象将不会被选中。在已经选择了对象的状态下，仍然可以用全选方法拾取所有对象。

3.3 取消对象选择

如果想取消当前被选中的对象，可以按<Esc>键"![Esc]"，也可以在绘图区单击右键，在菜单中选择"全部不选"。

如果希望取消已选对象中的某一个或某几个对象，可以按<Shift>键"![Shift]"，再用鼠标左键点选要剔除的对象。

选择其他绘图命令时，当前被拾取的对象也会被取消选择。

3.4 编辑对象

3.4.1 基本编辑

基本编辑主要是指一些常用的编辑功能，如复制、剪切和粘贴等。图3-5所示为基本编辑应用实例。

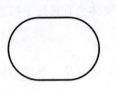 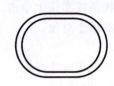 

图 3-5

应用实例【3-1】

复制方法 1：在"常用"功能区选项卡的"剪切板"面板中，单击"复制"功能图标"⬚"→用鼠标左键框选左侧对象→单击鼠标右键确认选择，完成复制并取消功能（如果先选中了复制对象，再选择"复制"功能，则无须单击鼠标右键，可以按<Ctrl+C>键进行复制，也可以先拾取该对象，然后单击右键，在弹出的右键菜单中单击"复制"功能进行复制）。

复制方法 2：在"常用"功能区选项卡的"剪切板"面板中，单击"带基点复制"功能图标"⬚"→用鼠标左键框选左侧对象→单击鼠标右键确认选择，单击圆弧的圆心作为复制基点。

粘贴方法 1：单击"粘贴"功能图标"⬚"，在立即菜单中选择"定点、保持原态、比例【1】（比例值根据需要自行设定）"方式→将光标移动到合适位置后，单击选择定位点→输入旋转角度后按回车键确认（或在某一位置单击）→完成粘贴（也可以按<Ctrl+V>键进行粘贴）。

粘贴方法 2：单击"粘贴"功能图标，在立即菜单中选择"定区域、保持原态"方式→光标移动到某一封闭区域内后，单击→完成在某一区域内的粘贴，粘贴对象的大小是原区域对象的 0.85。

3.4.2 图形编辑

图形编辑是对各种图形对象进行平移、裁剪、旋转等操作。图 3-6 所示为图形编辑应用实例。

图 3-6

应用实例【3-2】

【步骤 1】 在绘图区用"圆弧"功能绘制一条圆弧。

【步骤 2】 在"常用"功能区选项卡的"修改"面板中，单击"镜像"功能图标"◁▷"，在立即菜单中选择"拾取两点""拷贝"方式→拾取圆弧后单击鼠标右键确认，分别单击圆弧的上下端点，完成镜像编辑。

【步骤 3】 在"常用"功能区选项卡的"修改"面板中，单击"阵列"功能图标

"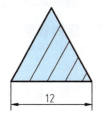"，在立即菜单中选择"圆形阵列""旋转、均布、份数【5】"方式→拾取所有对象，单击鼠标右键确认→单击图形下端点，完成阵列编辑。

【步骤4】　在"常用"功能区选项卡的"修改"面板中，单击"缩放"功能图标"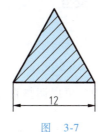"，在立即菜单中选择"平移、比例因子"方式→用鼠标左键拾取对象，单击鼠标右键确认选择→单击选择图形上端点为基准点，输入"比例因子【0.55】"后按回车键确认，完成缩放编辑。

【步骤5】　在"常用"功能区选项卡的"修改"面板中，单击"旋转"功能图标"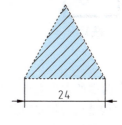"，在立即菜单中选择"给定角度、旋转"方式→用鼠标左键框选所有对象后单击鼠标右键确认选择→单击图形中心，将其设定为基准点，输入【36】后按回车键确认，完成旋转编辑。

3.4.3　属性编辑

属性编辑是对各种图形对象进行图层、线型、颜色等属性的修改。图3-7所示为属性编辑应用实例。

图　3-7

应用实例【3-3】

【步骤1】　双击剖面线，弹出"剖面图案"对话框→可以选择其他图案，也可以设置比例、旋转角及间距错开参数→将旋转角的角度设为【45】、比例设为【1】→单击"确定"按钮，完成剖面线的属性修改（选中剖面线后也可在左侧工具选项面板的"特性"窗口中进行修改）。

【步骤2】　用鼠标左键拾取外轮廓→在"常用"功能区选项卡的"特性"面板中，单击"图层"窗口中的"虚线层" 💡◆🔓🖨️█**虚线层** ，将该轮廓的图层属性修改为"虚线层"。

【步骤3】　用鼠标左键拾取尺寸→在左侧工具选项板的"特性"窗口中，将其颜色修改为红色，将度量比例修改为【2∶1】，将箭头设置为"反向"。

3.4.4　夹点编辑

夹点编辑属于图形编辑的一种，可通过编辑夹点的位置对图形对象进行移动、拉伸、缩放等编辑操作。根据编辑对象的不同，可编辑的夹点种类和数量也不同，夹点编辑方式见表3-1。

表3-1　夹点编辑方式

夹点种类	编辑方式
方形夹点	可对图形对象进行移动、拉伸和变形等操作
三角形夹点	可沿现有对象的切线方向延伸非封闭的曲线
长方形夹点	在多段线中用来移动自身并切变相邻段曲线

应用实例【3-4】

1. 直线的夹点

直线的夹点编辑实例如图 3-8 所示。

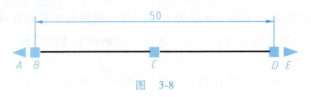

图　3-8

【步骤1】　直线两端的三角形夹点（A 和 E）可以调整直线的长度，调整夹点延伸模式为相对长度或绝对长度，可根据个人习惯，在"选项"功能窗口中进行设置，如图3-9所示。

图　3-9

【步骤2】　两端的方形夹点（B 和 D）可以调整直线端点的位置，也可以用来调整直线的长度，长度的调整值为增量方式。

【步骤3】　中间的夹点（C）用来移动直线的位置。

2. 矩形的夹点

矩形的夹点编辑实例如图 3-10 所示。

【步骤1】　矩形的 4 个角部夹点（A、C、E 和 G）可以调整该点的位置，比如可以将矩形调整为直角梯形等，也可以调整为由 4 条直线组成的任意封闭轮廓。

【步骤2】　各边中点处的夹点（B、D、F 和 H）可以调整该边的位置及相邻边的位置，比如可以将矩形调整为正方形、平行四边形等。

3. 圆的夹点

圆的夹点编辑实例如图 3-11 所示。

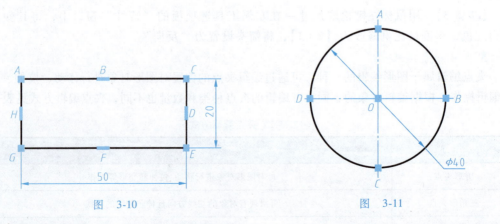

图　3-10　　　　　　　　　　图　3-11

【步骤1】　圆的 4 个象限点上的夹点（A、B、C 和 D）用来调整圆的半径值，可以通过选中夹点后输入半径值来调整，也可以单击需要调整到的位置点。

【步骤2】 圆心处的夹点（O）用来调整圆的位置，可以通过输入数值或单击位置点来调整。

4. 圆弧的夹点

圆弧的夹点编辑实例如图3-12所示。

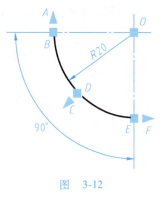

图 3-12

【步骤1】 圆弧两端的方形夹点（B和E）用来调整圆弧端点的位置，此时圆弧中点和另一个端点的位置不变，所以圆弧的半径及圆心位置都可能发生变化。

【步骤2】 圆弧中点的方形夹点（D）用来调整圆弧中点的位置，同理，圆弧半径及圆心位置也会发生变化。

【步骤3】 圆弧两端的三角形夹点（A和F）用来调整圆弧的圆心角大小，通过键盘输入的值为圆心角的实际大小，按另一个端点的位置不变来调整大小，也可通过单击位置点来调整，此时单击的目标点、调整的端点及圆心在一条直线上。

【步骤4】 圆弧中间的三角形夹点（C）用来调整圆弧半径的增量，通过键盘输入时，如果需将半径值调大，必须输入正值，反之，输入负值。

5. 椭圆的夹点

椭圆的夹点编辑实例如图3-13所示。

【步骤1】 椭圆的4个象限点上的夹点（A、B、C和D）用来调整椭圆长、短半轴的增量值，可以通过选中夹点后，正交移动光标位置，输入正值则按光标移动方向增大，反之，则减小。光标尽量不要倾斜移动，否则结果不好控制。

【步骤2】 椭圆中心处的夹点（O）用来调整椭圆的位置，可以通过输入数值或单击位置点来调整。

6. 多段线的夹点

多段线的夹点编辑实例如图3-14所示。

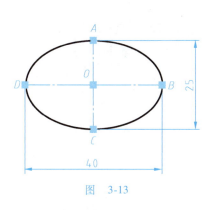

图 3-13

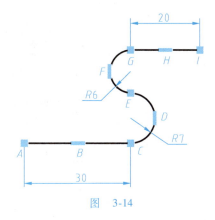

图 3-14

【步骤1】 多段线中的每段线的两端都有方形夹点，用来编辑各端点的位置，比如：单击夹点A左右移动只会影响其自身的长短，上下移动不仅会影响自身的倾斜角度，也会导致其与相邻段的相切关系被破坏；单击夹点E上下移动会改变两个圆弧的半径值，但相邻段的相切关系不会破坏，左右移动则不仅会改变圆弧的半径值，也会破坏相邻段的相切关系。

【步骤2】 多段线中的每段线的中点都有长方形夹点，用来调整各段的位置，比如：直线 *GI* 段中间的夹点 *H* 上下移动，相邻圆弧的半径值会发生变化，但与邻边的相切关系不会被破坏，左右移动则会破坏与邻边的相切关系；圆弧段中间的夹点 *F* 和 *D* 无论怎么移动，半径值都会发生变化，与邻边的相切关系也会被破坏。

3.4.5　拖动编辑

拖动编辑属于基本编辑，分为左键拖动和右键拖动。

1）左键拖动：拾取对象后，左键拖动对象上的非夹点处，对象将移动到新的位置。

2）右键拖动：右键拖动对象上的非夹点处移动对象到新位置后，会弹出右键拖动菜单，为用户提供更多选择，可以选择移动到此处、复制到此处、粘贴为块或取消拖动操作。

3.5　插 入 对 象

插入对象功能扩展了软件的功能范围，实现与其他软件之间的互动，并入其他软件的资源加以利用，如 XLS、PPT 等资源文件。

1）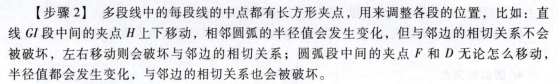"并入文件"工具用来将用户选定的 .exb、.dwg、.dxf、.wmf、.dat、.igs 等格式的图形文件并入到当前文件中，并入文件可在当前窗口中进行编辑操作。

2） "插入对象"工具用来在文件中插入 OLE 对象。OLE（Object Linking and Embedding）对象是连接与嵌入的对象。插入对象可以从系统安装的软件新建，也可以从现有文件创建；用户可以选择是否与原有文件链接，是否以图标形式显示。嵌入的对象可通过原有软件平台进行编辑。图 3-15 所示为"插入对象"对话框。

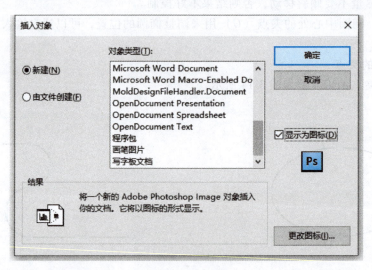

图　3-15

3） "打开 OLE 对象"工具用来对插入的 OLE 对象进行打开播放或编辑。

4） "转换 OLE 对象"工具用来将 OLE 对象转换成其他同类型的 OLE 对象。

5） "查看 OLE 对象属性"工具用来查看 OLE 对象的属性信息。

6） "链接"工具用来对插入的 OLE 对象进行链接更新。

3.6 引用对象

在绘图过程中，系统还提供了一些资源引用工具，帮助用户共享其他格式的图形及非图形资源，为当前的设计工作提供参考。这些工具都有相似的使用方法，引用对象类型见表3-2。

表 3-2 引用对象类型

插入工具	其他工具		使用说明
插入外部引用	外部引用管理器	外部引用裁剪	将.exb、.dwg、.dxf格式的文件作为一个整体插入到当前窗口，并对其插入、卸载等工作进行管理。可对其进行裁剪，保留需要的部分
插入图片	图片管理器	图像裁剪 图像调整	将.jpg/.png等格式的图片插入到当前窗口，并对插入的图片进行管理。可对图像可进行裁剪，保留需要的部分，也可调整其亮度和对比度，达到需要的显示效果
插入 PDF 参考图	管理 PDF 参考图	裁剪 PDF 参考图	将 PDF 文件插入到当前窗口，作为绘图时的参考图，并对其插入、卸载等工作进行管理。可对其进行裁剪，保留需要的部分

为了更好地保护企业的产品及图样信息，系统还提供了以下两种工具。

1) "二维码"工具可根据特定的文本信息生成二维码，如图3-16所示。

2) "条形码"工具可根据特定的数字或字母信息生成条形码，如图3-17所示。

图 3-16

图 3-17

项目4 窗口与图层操作

工程图样的绘制及文件之间的数据共享时，经常会同时打开多个文件，有时需要让某一个文件处于当前窗口，有时需要在当前窗口中同时排列多个窗口。

4.1 文档切换

「图标」"文档切换"工具用来在多个打开的文档之间进行切换，让某一文档处于当前窗口之中。该功能将按文档的打开顺序依次循环将下一个文档切换到当前窗口，该工具位于"视图"功能区选项卡中的"窗口"面板中。

"文档切换"下拉菜单中还有"窗口"功能，该功能可以将所有打开的文档以不同的窗口形式显示出来，用户可以进行单选或多选，当选择的文档数小于或等于3时，可以进行水平布置或垂直布置。当选择的文档数大于或等于4时，则将所有选中的文档在窗口中进行排列，如图4-1所示。

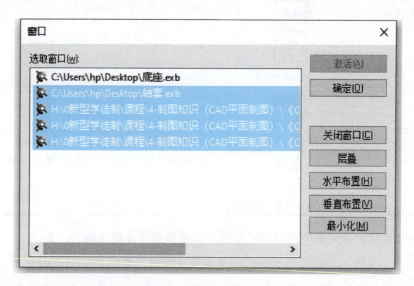

图 4-1

"文档切换"下拉菜单中还有"全部关闭"功能，用来关闭打开的所有文档，经常在关闭软件之前或需要新建图纸时使用。对于已保存的文档，会自动关闭，对于修改的文档或未保存的文档，系统会提示保存。

文档切换就能体现全部窗口效果，为了操作方便，系统还提供了4种窗口排列类型（见表4-1），与"窗口"功能中的按钮功能一致，窗口的显示效果如其图标所示。

表 4-1　窗口排列类型

图标	排列类型	说明
	层叠	将所有打开文档一层一层地堆叠显示
	横向平铺	当打开的文档数小于或等于 3 时,将各文档在窗口中横向排列,当大于或等于 4 时,将对各窗口进行排列
	排列图标	不能单独使用
	纵向平铺	当打开的文档数小于或等于 3 时,将各文档在窗口中纵向排列,当大于或等于 4 时,将对各窗口进行排列

4.2　窗口的显示

显示窗口是对单一窗口的操作,绘图过程中由于关注点及图形结构大小的不同,经常会对窗口进行平移、缩放等操作。系统提供的功能有 11 种,常用显示窗口方式见表 4-2,其他功能请用户自行研学。

表 4-2　常见显示窗口方式

图标	显示方式	说明
	显示窗口	将框选区域充满绘图区,键盘命令为"Z",按<Z>键后再按空格键,然后框选需要放大的部分
	显示全部	将绘图区中的所有可见图形全部显示在绘图窗口中,也常常使用<F3>键来显示全部
	动态平移	按住鼠标左键并移动即可移动窗口,键盘命令为"P"。按住鼠标中键移动鼠标,也可实现窗口移动
	动态缩放	按住鼠标左键向上、向下移动光标或滚动中键,即可实现窗口的动态放大或缩小

4.3　图层的含义

任何 CAD 绘图软件绘制的工程图都包含多种对象,每种对象都有自己的属性信息,有确定对象形状的几何信息,也有表示线型、颜色等属性的非几何信息,当然也有各种尺寸、符号及文本信息。这么多的对象如果集中在一张纸上，必然给设计及管理工作造成很大负担。如果能够把具有相同属性的对象集中在一张纸上，对其进行统一管理，那么管理工作将会轻松许多，于是产生了图层的概念。把这些可以想象成透明的虚拟纸张称为图层，每个图层都有唯一的名称，且拥有自己的属性，所有图层都由一个坐标系（即世界坐标系）来统一定位。将这些透明的纸张叠放在一起，就是绘图窗口的显示效果，如图4-2所示。

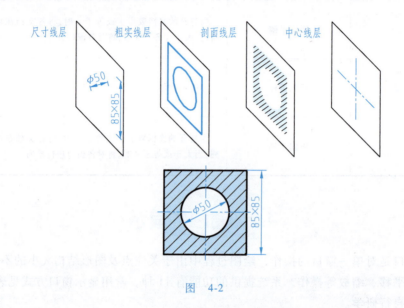

图　4-2

4.4　图层的管理

每个图层中的对象都有统一的属性，比如颜色、线型及线宽等。图层可在"样式管理器"📋或"图层"📄功能中进行管理。如果更改已有图层的属性，则图层上所有对象的该属性都会随之变化，所以图层设置可以统一高效地管理图层中的所有对象。机械绘图时，通常使用系统给定的图层就可满足大部分绘图需求，如果不能满足，则可新建所需的图层。各图层状态显示图标如图4-3所示。

图　4-3

图层窗口中的图标都可以通过单击的方式来更改其状态，图层各图标含义见表4-3。

表 4-3　图层各图标含义

序号	图标	状态	含义
1		显示	该图层对象可见
		隐藏	该图层对象不可见
2		解冻	将该图层数据重新加载至内存中
		冻结	将该图层数据从内存中删除,可以减少当前文件的运行数据量,在处理大型图样时有提速作用
3		解锁	可以对该图层对象进行编辑操作
		锁住	不能拾取和编辑该图层对象,但可向该图层添加对象
4		打印	打印时会打印该图层对象
		不打印	打印时不会打印该图层对象
5		颜色	可更改该图层的颜色

现行国标中规定，如果零件的某表面需进行表面处理，如热处理、电镀等，则要用"粗点画线"在其表面附近绘制出表面处理部位的限定范围，并在该线上进行表面处理标注，为了长期使用，需新建该图层。

应用实例【4-1】

【步骤1】　在"常用"功能区选项卡的"特性"面板中单击"图层"功能图标"　"，打开"层设置"窗口。

【步骤2】　单击"新建"按钮，在"新建风格"对话框中将其命名为"粗点画线层"，基准风格选择"中心线层"→单击"下一步"按钮返回"层设置"窗口，单击该图层"颜色"按钮，将该图层颜色改为黄色（可自定）→单击该图层"线宽"按钮，选择"粗线"，该图层新建完成。单击"设为当前"按钮则可以将该图层设为当前图层，双击其层名也可将其设为当前图层。

4.5　图层的用途

图层的使用是绘图工作的重点。在未选择任何对象的情况下单击某一图层，该图层被设定为当前图层，之后在窗口中用基本绘图工具绘制的图形都位于该图层上。如果选择了某对象后单击某一图层，则是将该对象移动至该图层中，但当前图层还是原来的图层。不同的图层有不同的用途，系统提供了常用的 8 种图层，其图层类型及用途见表 4-4。

表 4-4　图层类型及用途

图层	用　途
0 层	主要用来制作块
尺寸线层	主要用来标注尺寸、符号及注写文本
粗实线层	主要用来绘制可见轮廓、图框等
剖面线层	主要用来给封闭区域添加剖面线
细实线层	主要用来绘制螺纹底径、表格等
虚线层	主要用来绘制不可见的轮廓
中心线层	主要用来绘制对称结构的中心线
隐藏层	主要用来放置一些无须显示的对象

4.6　颜色/线宽/线型

图层的"颜色/线宽/线型"都有随层（ByLayer）和随块（ByBlock）项，如图 4-4 所示，通常使用 ByLayer 项，表示绘制图素的"颜色/线宽/线型"与该图层中的设置项保持一致。若有特殊需求，则可对"颜色/线宽/线型"项进行更改，绘制的对象仍位于当前图层上，但其更改的属性将不会随图层设置的变更而改变。

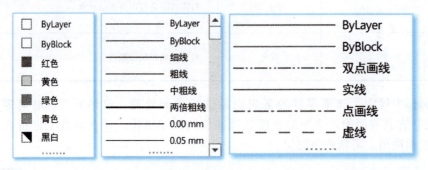

图　4-4

颜色项中的"黑白"比较特殊，它的含义是当背景为黑色时，绘制的曲线显示为白色，当背景为白色时，绘制的曲线显示为黑色。

"线宽"工具用来设置细线和粗线的宽度。国标中规定，机械零件的绘图线宽只有粗、细两种，粗线的线宽是细线的两倍。绘图的线宽应根据图形的复杂程度、幅面的大小及绘图比例等综合情况来选择，优先推荐采用表 4-5 中的第 4 组别线宽。

表 4-5　线宽类型

组别	1	2	3	4	5	线型
线宽 /mm	2.0	1.4	1.0	0.7	0.5	粗线
	1.0	0.7	0.5	0.35	0.25	细线

在显示线宽的状态下，拖动"显示比例"滑块来控制窗口中曲线显示的粗细效果，向右拖动，曲线显示变粗，但并不是曲线的实际宽度。

"显示线宽切换"工具用来控制图形是否显示线宽。显示线宽可以帮助用户了解图形中粗线与细线的使用情况，不显示线宽时，所有图线都很细，容易判断图形的细小结构，也可在状态栏中通过"线宽"按钮来切换。

4.7　添加线型

依据机械制图相关国家标准，零件图样通常需要使用多种线型来表达零件的不同视图结构、标题栏、图框等要素，CAXA 电子图板提供了多种线型，能满足大部分的绘图需求。有时也可能需要其他的线型，如果线型库里没有需要的线型，用户则可以加载新线型。线型可以在"样式管理器"或"线型"工具窗口中进行加载。若"加载线型"窗口中的线型仍然不能满足绘图需求，则可新建所需的线型，新建的线型需基于一种线型风格，在此基础上进行修改和设置。系统提供的线型不能被删除，新建的线型在被使用状态下也不能被删除。

假设需绘制一种"一长一短"的细线，长线的长度是短线长度的两倍，因为系统中没有这种线型，所以需新建该线型。

应用实例【4-2】

【步骤1】　在"常用"功能区选项卡的"特性"面板中，单击"线型"图标，弹出"线型设置"对话框。

【步骤2】　单击"新建"按钮，在"新建风格"对话框中将其命名为"长短线"，"基准风格"选择"点画线"→单击"下一步"返回"线型设置"对话框，将"间隔"设置为【12,2,6,2】→单击"确定"按钮完成"长短线"线型的新建，如图4-5所示。

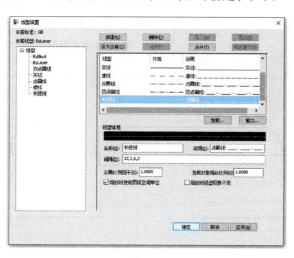

图　4-5

4.8　其他图层工具

为了方便图层及对象的操作，系统提供了10种图层编辑工具（见表4-6），可用于图层对象和图层之间的移动、隔离以及合并等。

表 4-6 图层编辑工具

图标	工具名称	说明
	移动对象到 当前图层	将其他图层上的对象移动到当前图层上，并赋予当前图层的属性
	移动对象到 指定图层	将某对象移动到某一指定图层上，并赋予指定图层的属性
	移动对象图层 快捷设置	将对象移动到指定图层的快捷设置，使对象在图层间的移动变得更加快捷
	对象所在层置为当前图层	将选定对象所在的图层置为当前，通常是为后续在该图层上绘制曲线做准备
	图层隔离	显示选定对象的所在图层，隐藏其他图层
	取消图层隔离	将隔离前的其他图层再次显示出来
	合并图层	将某些自定义的图层合并到其他图层，并删除自定义的图层，但系统图层和当前图层也不能被删除，系统图层中的对象不能被合并，只能被移动
	拾取对象 删除图层	拾取对象并删除图层及该图层上的全部对象，系统图层和当前图层不能使用此工具，只对自定义的非当前图层有效
	图层全开	将包括隐藏层在内的所有图层显示出来，便于用户掌握绘图工作情况
	局部改层	将某一图形的一部分移动到其他图层，相当于将图形的一部分剪切掉后移动到其他图层当中

局部改层应用实例如图 4-6 所示。

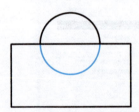 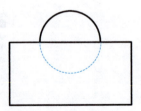

图 4-6

应用实例【4-3】

【步骤 1】 在"常用"功能区选项卡的"特性"面板中，选择"图层"下拉菜单中的"局部改层"工具，在弹出的对话框中选择"虚线层"。

【步骤 2】 先拾取圆，单击圆的右象限点后再单击圆的左象限点，圆的下半部分被移动至虚线层，圆被分为上下两部分，并放在不同的图层中。

项目5 直 线 绘 制

任何一幅工程图样都是由一些基本图形元素，如直线、圆、圆弧和文字等组合而成的，掌握基本图形元素在计算机上的绘图方法，是学习 CAD 绘图的重要基础。

直线是最常用的基本图形单元，使用频率极高，熟练地掌握其绘制方法和技巧，才能更高效地完成工程图中的直线绘制工作，为后续其他绘制工具的学习和使用奠定良好的基础。

5.1 直   线

直线的绘制工具 ╱（见表 5-1）是 7 种直线工具的总工具，选择该总工具后，还可以在立即菜单中切换至 7 种直线工具中的任何一种。但是如果在功能区选择了直线工具中的任意一种，则不能在立即菜单中进行切换。

表 5-1 直线的绘制工具

图标	╱	╱	╲	✳	◿	╱	✕
名称	两点线	角度线	角等分线	切线/法线	等分线	射线	构造线

5.1.1 两点线

使用 ╱ "两点线"功能可以按给定的两点画一条直线或按给定的连续条件画连续的直线，可在立即菜单中进行"单根"方式或"连续"方式的切换。在"连续"方式下绘制的每条直线都可以单独进行编辑，而不影响其他连续段。

在未开启"正交"模式的情况下，可以在任意位置及任意方向上绘制直线；在开启"正交"模式的情况下，只能绘制平行或垂直于当前坐标轴的直线。开启与关闭"正交"模式的切换键为键盘上的<F8>键，也可单击屏幕右下角状态栏中的"正交"按钮进行切换。在"正交"模式下绘制直线，当单击第二点时，光标当前位置的 X 方向上的增量如果大于 Y 方向上的增量，单击后将绘制水平线，且长度等于 X 方向上的增量，反之，绘制铅垂线，长度等于 Y 方向上的增量。

应用实例【5-1】

两点线应用实例如图 5-1 所示，绘图分析见表 5-2。

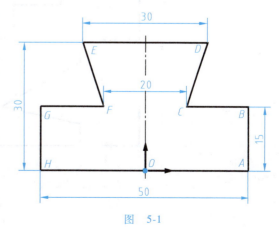

图 5-1

表5-2　绘图分析

图形分析	该图形左右对称,可使用"两点线"功能一次性绘制完轮廓	
绘图模式	自由、智能或导航	
输入方式	绝对坐标输入	

【步骤1】　使用"两点线"功能的"连续"方式→输入第一点的坐标【25,0】后按回车键确认→输入下一点坐标【25,15】后按回车键确认。其他点可参照表5-3依次输入,完成零件轮廓绘制。

表5-3　图形中各绘图点的坐标值

绘图点	绝对坐标	绘图点	绝对坐标
B	25,15	F	−10,15
C	10,15	G	−25,15
D	15,30	H	−25,0
E	−15,30	A	25,0

【步骤2】　使用"中心线"功能,分别单击 *CD* 和 *EF* 斜线,进行中心线的绘制→取消该功能后,按图调整中心线的长度。

【步骤3】　使用"尺寸标注"功能,完成尺寸标注。

【步骤4】　按<F3>键,全屏显示→保存文档。

5.1.2　角度线

使用　"角度线"功能可以绘制与 *X*、*Y* 轴或某一直线成固定角度的直线,在"到点"方式下,其终点为鼠标单击位置到角度线的垂线与角度线的交点,在"到线上"方式下,角度线将终止于拾取线,拾取线可以是任何曲线。

应用实例【5-2】

角度线应用实例如图5-2所示,绘图分析见表5-4。

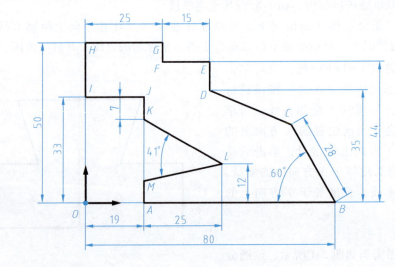

图　5-2

表 5-4　绘图分析

图形分析	该图形都由直线组成,角度线 BC 和 LM 可以使用"角度线"功能绘制,绘图原点设定在图形左下角点处,该点为设计基准	
绘图模式	智能或导航	
输入方式	绝对坐标输入、数值输入	

【步骤1】　使用"两点线"功能,在立即菜单中选择"连续"方式→输入坐标【19,0】后按回车键确认→输入坐标【80,0】后按回车键确认,绘制出一条水平直线。

【步骤2】　使用"角度线"功能,在立即菜单中选用"X 轴夹角、到点、度【120】"方式→单击 B 点→将光标向左上方移动→输入长度【28】后按回车键确认,BC 角度线绘制完成。

【步骤3】　使用"两点线"功能,在立即菜单中选择"连续"方式→单击 C 点后,按表 5-5 依次输入各点坐标,绘制其他直线轮廓,如图 5-3 所示。

表 5-5　图形中各绘图点的坐标值

绘图点	输入坐标值	绘图点	输入坐标值
D	25+15,35	I	0,33
E	25+15,44	J	19,33
F	25,44	K	19,33−7
G	25,50	L	19+25,12
H	0,50		

操作提示:BC 角度线用极坐标输入方式来绘制会更方便,而且不用更换绘图功能。

【步骤4】　使用"角度线"功能,选择"直线夹角、到线上、度【41】"方式→用鼠标左键点选 KL 直线后,单击 L 点,再单击 JK 直线,完成 LM 直线的绘制,如图 5-4 所示。

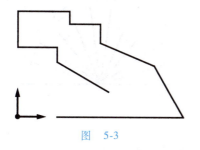

图　5-3

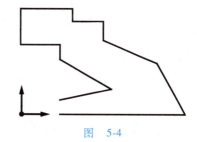

图　5-4

【步骤5】　使用"两点线"功能,选择"单根"方式→完成 AM 直线的绘制。

【步骤6】　使用"尺寸标注"功能,完成尺寸的标注。

【步骤7】　按<F3>键,全屏显示→保存文档。

5.1.3　角等分线

使用　"角等分线"功能可将小于或等于180°的角度等分成任意等份。

应用实例【5-3】

角等分线应用实例如图 5-5 所示,绘图分析见表 5-6。

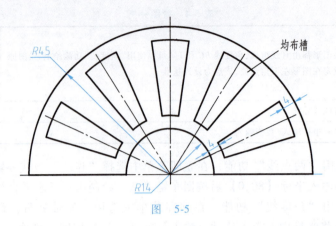

图 5-5

表 5-6 绘图分析

图形分析	该图形为半圆环中有 5 个均布槽,可见 180°被均分为 11 等份,适合用角等分线绘制,可不设定绘图原点	
绘图模式	导航	
输入方式	数值输入	

【步骤1】 使用"两点线"功能,在立即菜单中选择"连续"方式→在绘图区任意位置单击→光标向右水平移动,出现水平导航线时,输入【45】后按回车键确认→继续向右移动,输入【45】后按回车键确认,绘制两条共线的等长直线段。

【步骤2】 使用"角等分线"功能,在立即菜单中输入"份数【11】、长度【41】"后按回车键→单击右侧直线后单击左侧直线,完成角等分线的绘制,如图 5-6 所示。

【步骤3】 使用"圆心_半径_起终角"功能,在立即菜单中输入"半径【45】、起始角【0】、终止角【180】"后按回车键→单击各线的交点处→继续绘制半径为【41】、【18】和【14】的同心圆弧,如图 5-7 所示。

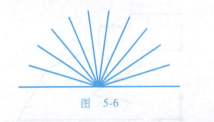

图 5-6

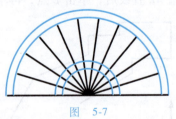

图 5-7

【步骤4】 使用"裁剪"功能剪裁掉多余的部分。

【步骤5】 为图形添加中心线并调整其长度,完成尺寸标注。

【步骤6】 按<F3>键,全屏显示→保存文档。

5.1.4 切线/法线

使用 ✕ "切线/法线"功能可过给定点作已知曲线的切线或法线,已知曲线也可以是直线。在立即菜单中可以选择"对称"与"非对称"方式,以及"到点"与"到线"方式。

应用实例【5-4】

切线/法线应用实例如图 5-8 所示,绘图分析见表 5-7。

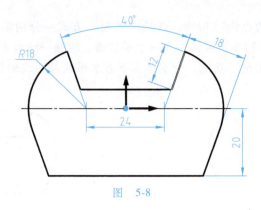

图　5-8

表 5-7　绘图分析

图形分析	该图形左右对称,圆弧两端的直线,可以理解为该圆弧的切线和法线,绘图原点设定在两圆弧圆心连线的中点处,绘图较为方便	
绘图模式	导航	
输入方式	绝对坐标输入、数值输入	

【步骤1】　使用"圆心_半径_起终角"功能,选择"半径【18】、起始角【340】、终止角【70】"方式→输入右侧圆弧圆心的坐标【12,0】后按回车键确认,如图5-9所示。

【步骤2】　使用"切线/法线"功能,选择"法线、非对称、到点"方式→用鼠标左键点选圆弧→单击圆弧左上端点→向左下方移动光标→输入【12】后按回车键确认,完成法线绘制,如图5-10所示。

图　5-9　　　　　　　　　　　　　　　　　图　5-10

【步骤3】　继续使用该功能,在立即菜单中选择"切线、非对称、到点"方式→用鼠标左键点选圆弧→单击圆弧右下端点→向左下方移动光标,并在任意位置单击,绘制任意长度切线,如图5-11所示。

【步骤4】　使用"镜像"功能,选择"拾取两点、拷贝"方式→框选所有图线后单击鼠标右键确认选择→单击原点→在将光标移至绘图原点的正下方,出现导航线时,在任意位置单击,即可完成图形的镜像,如图5-12所示。

图　5-11　　　　　　　　　　　　　　　　　图　5-12

【步骤5】　使用"两点线"功能，选择"单根"方式→分别单击两条法线的下端点→输入坐标【0，-20】后按回车键确认→光标水平移动，绘制一段水平线，如图5-13所示。

【步骤6】　使用"尖角"功能，分别单击下方水平线及切线的保留段，完成图形绘制，如图5-14所示。

图　5-13　　　　　　　　　　　　　　　　图　5-14

【步骤7】　为图形添加中心线并调整其长度，完成尺寸标注。

【步骤8】　按<F3>键，全屏显示→保存文档。

5.1.5　等分线

使用▱"等分线"功能可生成两条不相交直线对应点间一定数量的等分线，如图5-15所示。

5.1.6　射线

使用╱"射线"功能可生成一条由特征点向一端无限延伸的直线，主要用来做绘图参考，如图5-16所示。射线的长度为无限长，全屏显示也看不到它的末端，而且不能进行尺寸标注，但进行裁剪后使之变成有限长度的直线，则可以进行尺寸标注，此时的射线已经变成了普通直线。

5.1.7　构造线

使用╱"构造线"功能可生成一条过特征点向两端无限延伸的直线，其作用与射线相似，它没有端点只有中点，如图5-16所示。

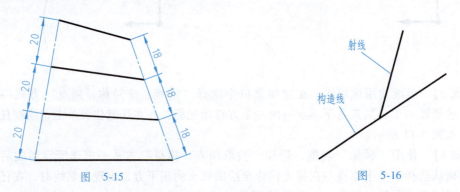

图　5-15　　　　　　　　　　　　　　　　图　5-16

5.2　直线综合应用

5.2.1　直线（一）

应用实例【5-5】

直线综合应用实例如图5-17所示，绘图分析见表5-8。

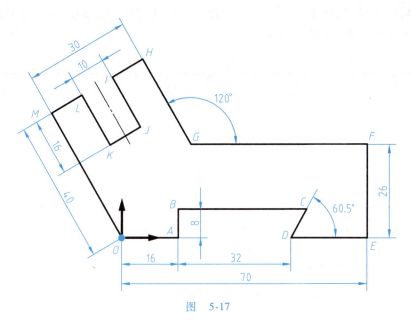

图　5-17

表 5-8　绘图分析

图形分析	该图形轮廓都由直线组成,角度线较多,如果使用"角度线"功能进行绘制,需要多次切换功能,左侧部分角度线可使用极坐标方式绘制,绘图原点设定在 O 点,绘图较为方便	
绘图模式	自由、智能或导航	
输入方式	绝对坐标输入、极坐标输入、数值输入	

【步骤1】　使用"两点线"功能,选择"连续"方式→输入原点坐标【0,0】后按回车键确认→按<F8>键打开"正交"方式→光标移动至绘图原点右侧水平方向→输入【16】后按回车键确认→光标移动至 A 点正上方→输入【8】后按回车键确认→光标移动至 B 点右侧水平方向,在任意位置单击→双击右键重复该功能→输入 D 点坐标【16+32,0】后按回车键确认→输入 E 点坐标【70,0】后按回车键确认→光标移动至 E 点正上方→出现导航线时,输入【26】后按回车键确认→光标移动至 F 点左侧水平方向→在任意位置单击,绘制任意长度水平线,取消该功能,如图5-18所示。

【步骤2】　使用"角度线"功能,在立即菜单中选择"X 轴夹角、到线上、度【60.5】"方式→单击 D 点,再单击 BC 直线,如图5-19所示。

图　5-18　　　　　　　　　　　　　　　　　　　图　5-19

【步骤3】　使用"尖角"功能→分别单击 BC 和 CD 直线,使两条直线相交在一起（也可以用鼠标左键先选中 BC 直线,然后拖动其右侧方形夹点或三角形夹点至 C 点）→取消该功能,如图5-20所示。

【步骤4】 使用"两点线"功能，单击原点→输入【@ 40<120】后按回车键确认。其他角度线的点坐标按表5-9依次输入，如图5-20所示。

表5-9 图形中各绘图点的坐标值

绘图点	极坐标	绘图点	极坐标
M	@ 40<120	I	@ 16<120
L	@ 10<30	H	@ 10<30
K	@ 16<300	G	@ 20<300
J	@ 10<30		

操作提示：斜线HG长度"20"为预估值，也可输入其他值。

【步骤5】 使用"尖角"功能→分别单击HG和GF直线，使两条直线相交→取消该功能，完成轮廓绘制，如图5-21所示。

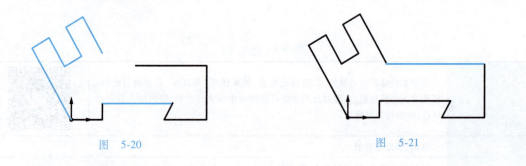

图 5-20   图 5-21

【步骤6】 绘制中心线，并完成尺寸标注。

【步骤7】 按<F3>键，全屏显示→保存文档。

5.2.2 直线（二）

应用实例【5-6】

直线综合应用实例如图5-22所示，绘图分析见表5-10。

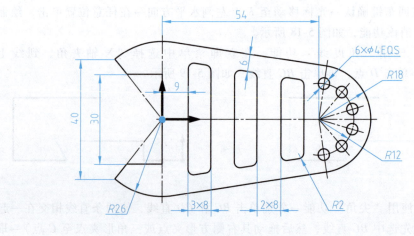

图 5-22

表 5-10　绘图分析

图形分析	该图形的绘制需要使用多种直线功能,可将绘图原点设定在 R26 圆弧的圆心处	
绘图模式	智能或导航	
输入方式	绝对坐标输入、数值输入	

【步骤 1】　使用"圆心_半径"功能→输入原点坐标【0,0】后按回车键确认→输入半径值【26】后按回车键确认→双击鼠标右键重新使用该功能→输入坐标【54，0】后按回车键确认→输入半径值【18】后按回车键确认→可按<Esc>键取消该功能,如图 5-23 所示。

【步骤 2】　使用"两点线"功能的"单根"方式→按<T>键后,将光标移至圆的切点位置,单击圆的切点附近位置→再次按<T>键后,将光标移至另一个圆的切点位置,单击圆的切点附近位置,即可完成切线的绘制。可用同样的方法绘制另一条切线,如图 5-24 所示。

图　5-23　　　　　　　　　　　　　　图　5-24

【步骤 3】　使用"裁剪"功能的"快速裁剪"方式→从右向左框选裁剪掉的部分,如图 5-25 所示。

【步骤 4】　使用"矩形"功能,选择"长度和宽度、中心定位、长度【40】、宽度【40】"方式→将矩形放置在左侧 R26 圆弧中点处→裁剪掉该圆弧中间多余部分→删除矩形,该矩形的长度值为预估值,如图 5-26 所示。

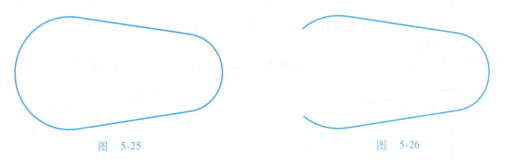

图　5-25　　　　　　　　　　　　　　图　5-26

【步骤 5】　使用"两点线"功能,选择"连续"方式→按表 5-11 依次输入各点坐标→完成左侧部分图形绘制,如图 5-27 所示。

表 5-11　图形中绘图点的坐标值

绘图点	绝对坐标	绘图点	绝对坐标
A	−20,15	C	0,−15
B	0,15	D	−20,−15

操作提示：A、D 点的横坐标【−20】为预估值,也可输入其他值。

【步骤6】 使用"切线/法线"功能，选择"法线、非对称、到线上"方式→用鼠标左键拾取 R26 圆弧后，单击该圆弧的左端点，最后单击 AB 直线→用同样的方法绘制另一条法线，裁剪掉 A、D 点附近多余的直线段，如图 5-28 所示。

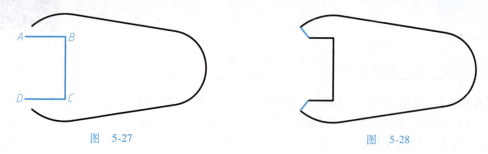

图　5-27　　　　　　　　　　　　　　　　图　5-28

【步骤7】 使用"平行线"功能，选用"偏移方式、单向"方式→单击 BC 直线，将光标向右侧移动，分别输入【9】、【49】，绘制两条 BC 直线的平行线→同理绘制与上下两条切线相距为【6】的两条平行线，如图 5-29 所示。

【步骤8】 在"常用"功能区选项卡的"修改"面板中，单击"尖角"功能图标"▢"→分别单击各相邻直线，使之相交在一起，如图 5-30 所示。

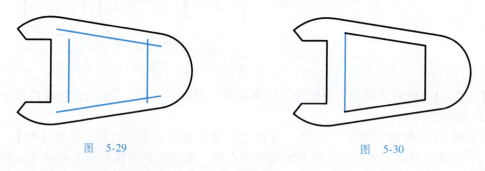

图　5-29　　　　　　　　　　　　　　　　图　5-30

【步骤9】 在"常用"功能区选项卡的"绘图"面板中，单击"等分线"功能图标"◿"，在立即菜单中将等分量设置为【5】→用鼠标左键点选两条竖直的平行线，完成等分线绘制，如图 5-31 所示。

【步骤10】 使用"裁剪"功能修剪掉图中多余的直线段部分，如图 5-32 所示。

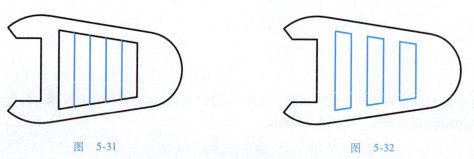

图　5-31　　　　　　　　　　　　　　　　图　5-32

【步骤11】 在"常用"功能区选项卡的"修改"面板中，单击"多圆角"功能图标"◿"，在立即菜单中将半径设为【2】→分别单击图中需要进行圆角过渡的三个封闭轮廓中的任意一条直线，如图 5-33 所示。

【步骤12】 将当前图层设定为"中心线层"→选择"两点线"功能的"单根"方式→

单击 *R*18 圆弧圆心→将光标移动到该圆弧的端点处（不要单击），输入【18+2】→同理绘制另一条中心线，如图 5-34 所示。

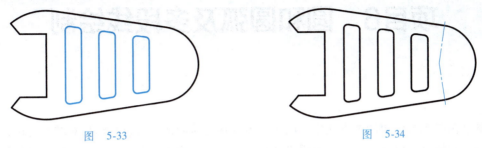

图 5-33 　　　　　　　　　　　　　　　　图 5-34

【步骤 13】 在"常用"功能区选项卡的"绘图"面板中，单击"角等分线"功能图标 "✎"，在立即菜单中选择"份数【5】、长度【16】"方式→分别单击上一步绘制的两条中心线，完成其余中心线的绘制，如图 5-35 所示。

【步骤 14】 使用"圆心_半径"功能，选择"半径【12】、起始角【260】、终止角【100】"方式→单击 *R*12 圆弧的圆心。起终角为预估值，也可输入其他角度值，绘制完成后调整圆弧的端点，如图 5-36 所示。

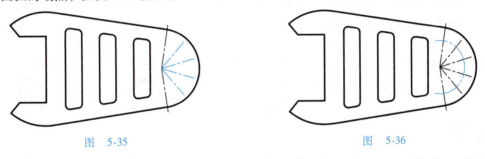

图 5-35 　　　　　　　　　　　　　　　　图 5-36

【步骤 15】 将"粗实线层"设为当前图层→使用"圆心_半径"功能，在直线中心线与圆弧中心线的交点处绘制 1 个 *φ*4 的圆（也可以继续绘制剩余的 5 个 *φ*4 圆），如图 5-37 所示。

【步骤 16】 在"常用"功能区选项卡的"修改"面板中，单击"平移复制"功能图标 "🔗"，在立即菜单中选择"给定两点、比例【1】、份数【1】"方式→单击 *φ*4 圆后单击鼠标右键确认选择→单击 *φ*4 圆心→将光标移至各中心线的交点处并单击，完成其他 *φ*4 圆的制作，如图 5-38 所示。

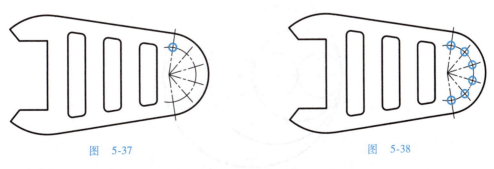

图 5-37 　　　　　　　　　　　　　　　　图 5-38

【步骤 17】 为图形添加中心线并调整其长度，删除重线，完成尺寸标注。
【步骤 18】 按 <F3> 键，全屏显示→保存文档。

项目6 圆和圆弧及多段线绘制

圆和圆弧都是常用的图形元素。因为圆不存在旋转问题，所以绘制相对较为简单，具体使用何种功能进行绘制，主要是由用户从图形中读出的隐含信息所决定的。但是圆弧则完全不同，要想快速绘制圆弧，必须掌握"起始角"和"终止角"的概念及判断方法，此知识点掌握的程度，对后续复杂图形的绘制起着决定性的作用。

6.1 圆

⊙圆的绘制工具（见表6-1）是4种圆工具的总工具，与其他总工具的使用方法一致。这些工具用不同的方法来绘制圆。

表 6-1 圆的绘制工具

图标	⊘	◯	◯	⊘
名称	圆心_半径	两点	三点	两点_半径

6.1.1 圆心_半径、两点

⊘"圆心_半径"功能可用来绘制已知圆心位置和半径的圆。◯"两点"功能可用来绘制已知直径方向上两点的圆。

应用实例【6-1】

圆心_半径、两点应用实例如图6-1所示，绘图分析见表6-2。

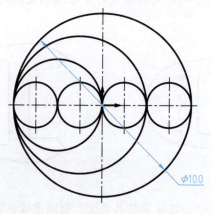

图 6-1

表6-2 绘图分析

图形分析	该图形全部由圆组成,除最大圆外,其他圆的直径值很容易获知,最适合使用"两点"功能来绘制
绘图模式	导航
输入方式	绝对坐标输入、数值输入

【步骤1】 使用"圆心_半径"功能,在立即菜单中选择"直径、有中心线、中心线延伸长度【3】"方式→输入坐标原点的坐标【0,0】后按回车键确认→输入直径【100】后按回车键确认→取消该功能。

【步骤2】 单击"圆"功能中的"两点"功能图标"⬭"→选择"无中心线"方式→单击ϕ100圆上的左侧象限点→光标向右侧水平移动,出现水平导航线或光标捕捉到圆心或圆的右侧象限点时,输入直径【75】后按回车键确认。

【步骤3】 依照上述步骤,分别完成【50】和4个【25】直径的圆的绘制。

【步骤4】 按图添加中心线,并删除重线,完成尺寸标注。

【步骤5】 按<F3>键,全屏显示→保存文档。

6.1.2 三点、两点_半径

⬡ "三点"功能可用来绘制已知圆上任意三点的圆。◯ "两点_半径"功能可用来绘制已知圆上任意两点及半径的圆。

应用实例【6-2】

三点、两点_半径应用实例如图6-2所示,绘图分析见表6-3。

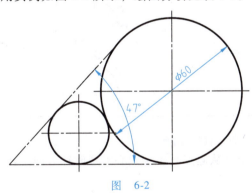

图 6-2

表6-3 绘图分析

图形分析	图中ϕ60的圆与两条角度线有两个切点,适合用"两点_半径"方式绘制,另一个圆不知道半径,但它与两条直线及ϕ60圆相切,适合用"三点"方式绘制
绘图模式	导航
输入方式	绝对坐标输入、数值输入

【步骤1】 使用"直线"功能,在立即菜单中选择"单根"方式→在绘图区任意位置单击→光标向右侧水平移动,出现导航线时单击,绘制任意长度的水平线。

【步骤2】 使用"角度线"功能,在立即菜单中选择"X轴夹角、到点、度【47】"方式→将光标移至直线左端点处单击→将光标向右上方移动→在任意位置单击，绘制任意长度的角度线。

【步骤3】 框选两条直线，将其图层特性改为"中心线层"→按<Esc>键取消两条直线的选取状态。

【步骤4】 单击"圆"功能图标下拉菜单中的"两点_半径"功能图标"⏱"→选择"有中心线、中心线延伸长【3】"方式→按<T>键（或按空格键，选择"相切"点捕捉方式），点的捕捉只适用于当前操作→单击第一条直线→继续按<T>键→单击另一条直线→将光标移动到两条直线的夹角范围内部，输入半径【30】后按回车键确认。

【步骤5】 单击"圆"功能图标下拉菜单中的"三点"功能图标"○"→选择"有中心线、中心线延伸长【3】"方式→按<T>键后，单击第一条直线→继续按<T>键后单击圆→继续按<T>键后单击另一条直线，完成相切圆的绘制。

【步骤6】 按图添加中心线并调整其长度，并删除重线，完成尺寸标注。

【步骤7】 按<F3>键，全屏显示→保存文档。

6.2　圆　　弧

🌙 圆弧的绘制工具（见表6-4）是6种圆弧工具的总工具，它的选择与切换方法与直线工具一致。

表6-4　圆弧的绘制工具

图标			
名称	三点圆弧	圆心_半径_起终角	圆心_起点_圆心角
图标			
名称	两点_半径	起点_终点_圆心角	起点_半径_起终角

6.2.1　圆弧起终角的判断方法

一个圆弧可以看成一个点从起点开始绕圆心沿逆时针方向旋转至终点而形成的轨迹，如图6-3所示。

在圆弧的圆心处假想建立一个直角坐标系，并假设有一条与 X 正半轴重合的直线将绕圆心沿逆时针方向旋转，如图6-4所示。

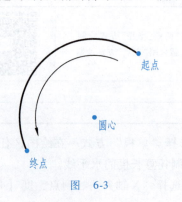

图　6-3

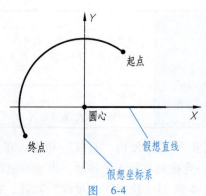

图　6-4

当假想直线开始从 X 轴正方向绕圆心旋转至与起点重合时，直线转过的角度则为圆弧的起始角，如图6-5所示。

当假想直线开始从 X 轴正方向绕圆心旋转至与终点重合时，直线转过的角度则为圆弧的终止角，如图6-6所示。

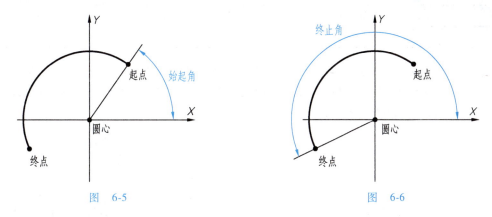

图　6-5　　　　　　　　　　　　　　　　　图　6-6

6.2.2　三点圆弧

"三点圆弧"功能可用来绘制已知圆弧上三个点信息的圆弧，三个点依次为起点、圆弧中间任意一点、终点。

应用实例【6-3】

三点圆弧应用实例如图6-7所示，绘图分析见表6-5。

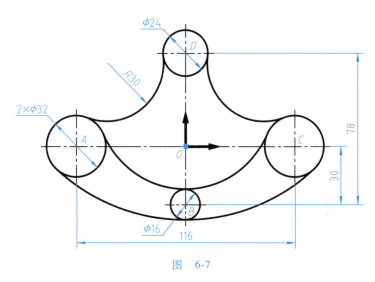

图　6-7

表 6-5　绘图分析

图形分析	图中圆的位置通过绝对坐标输入很容易绘制,圆弧则可根据与其相连曲线的切点等信息来绘制	
绘图模式	自由、智能、导航	
输入方式	绝对坐标输入、数值输入	

【步骤1】　使用"圆心_半径"功能，在立即菜单中选择"直径、有中心线、中心线延

伸长【3】"方式，参照表 6-6 使用绝对坐标输入方式，绘制该图中所有的圆，如图 6-8 所示。

表6-6　图形中各图素的参数值

圆心	A	B	C	D
绝对坐标	−116/2,0	0,−30	116/2,0	0,78−30
直径值	32	16	32	24

【步骤2】　使用"两点_半径"功能→按<T>键后单击 φ24 圆的切点附近→继续按<T>键后单击左侧 φ32 圆的切点附近→光标移动到圆弧方向与图中一致时，输入半径【30】后按回车键确认，如图 6-9 所示。

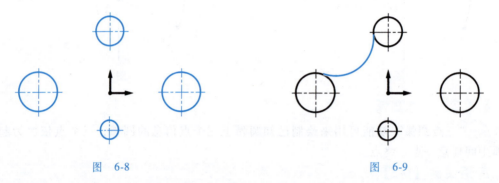

图　6-8　　　　　　　　　　　　　　　图　6-9

【步骤3】　依照上述步骤，完成另一侧 R30 圆弧的绘制。

【步骤4】　单击"圆弧"功能图标下拉菜单中的"三点圆弧"功能图标" "→按<T>键后单击左侧 φ32 圆的切点附近→继续按<T>键后单击 φ16 圆的切点附近→继续按<T>键后单击右侧 φ32 圆的切点附近（在绘制三点圆弧时，第二点不一定是圆弧的中点），如图 6-10 所示。

【步骤5】　依照上述步骤，完成另一段圆弧的绘制，如图 6-11 所示。

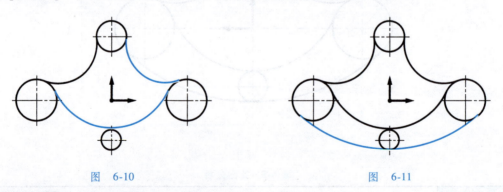

图　6-10　　　　　　　　　　　　　　图　6-11

【步骤6】　按图添加中心线，调整其长度，并删除重线，完成尺寸标注。

【步骤7】　按<F3>键，全屏显示→保存文档。

6.2.3　圆心_半径_起终角

　"圆心_半径_起终角"功能可用来绘制已知圆心位置、半径、起始角和终止角的圆弧，该功能在绘图中使用很广泛。

应用实例【6-4】

圆心_半径_起终角应用实例如图6-12所示，绘图分析见表6-7。

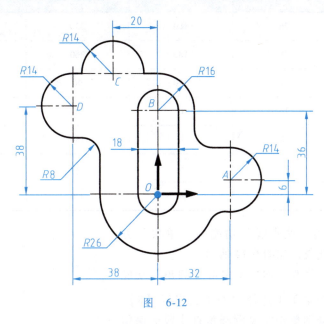

图 6-12

表6-7 绘图分析

图形分析	该图形轮廓中圆弧较多,且都知道圆心位置、半径及起终角情况,所以使用"圆心_半径_起终角"功能绘制较为方便	
绘图模式	智能、导航	
输入方式	绝对坐标输入、数值输入	

【步骤1】 使用"圆心_半径_起终角"功能，在立即菜单中输入"半径【26】、起始角【180】、终止角【330】"后按回车键确认，无法明确起终角的准确角度值时，可以进行预估→输入坐标【0,0】后按回车键确认→可参照表6-8使用绝对坐标输入方式，绘制该图中的圆弧对象，如图6-13所示。

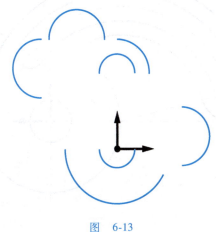

图 6-13

表6-8　图形中各图素的参数值

圆心	半径	起始角/°	终止角/°	绝对坐标
O	26	180	330	0,0
O	9	180	360	0,0
A	14	270	90	32,6
B	16	0	90	0,36
B	9	0	180	0,36
C	14	0	180	−20,36+16
D	14	90	270	−38,38

【步骤2】　使用"两点线"功能的"单根"方式，绘制图中的直线段，如图6-14所示。

【步骤3】　在"修改"面板中单击"圆角"功能图标"⌐"，在立即菜单中选择"裁剪、半径【8】"后按回车键确认→分别单击需要倒圆角直线段的保留部分→同理分别单击倒圆角两个圆弧的保留部分。

【步骤4】　按图添加中心线，并调整其长度，删除重线，完成尺寸标注。

【步骤5】　按<F3>键，全屏显示→保存文档。

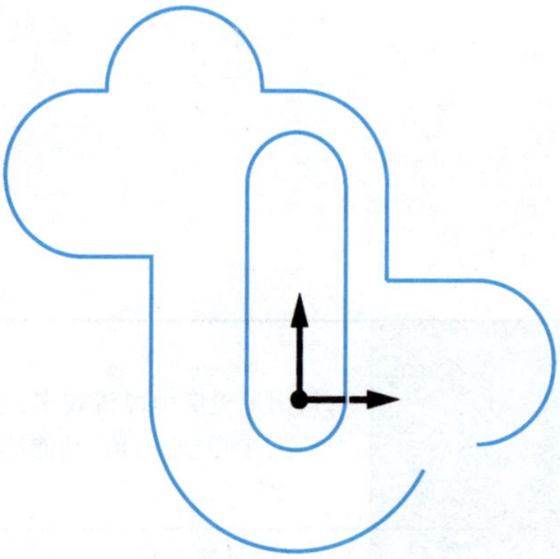

6.2.4　圆心_起点_圆心角

"圆心_起点_圆心角"功能可用来绘制已知圆心及起点位置、圆心角信息的圆弧。

应用实例【6-5】

圆心_起点_圆心角应用实例如图6-15所示，绘图分析见表6-9。

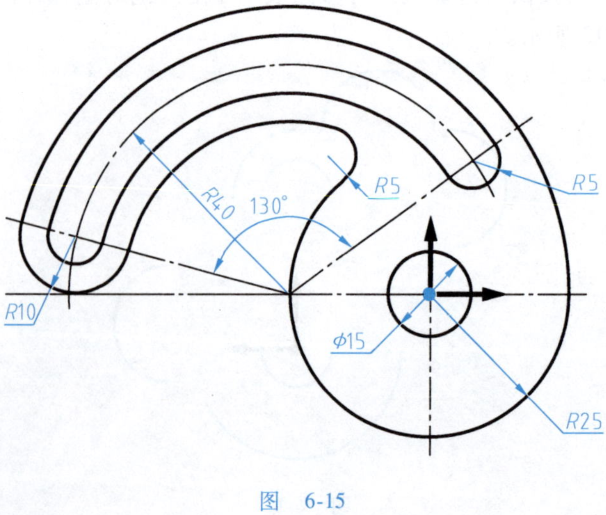

图　6-14

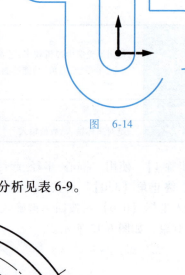

图　6-15

表 6-9 绘图分析

图形分析	图中 *R*40 的圆弧槽轮廓的圆心角为 130°,适合使用"圆心_起点_圆心角"功能来绘制,将绘图原点设定在 ϕ15 圆心处	
绘图模式	智能或导航	
输入方式	绝对坐标输入、数值输入	

【步骤1】 使用"圆心_半径"功能,在立即菜单中选择"直径、有中心线、中心线延伸长度【3】"方式→将光标移至原点处单击鼠标左键→输入直径【15】后按回车键确认,如图 6-16 所示。

【步骤2】 使用"圆心_半径_起终角"功能,在立即菜单中输入"半径【25】、起始角【130】、终止角【360】"后按回车键确认→将光标移至原点处单击鼠标左键,将圆弧的圆心放在原点,如图 6-16 所示。

【步骤3】 单击"圆弧"功能图标下拉菜单中的"圆心_起点_圆心角"功能图标"⌒"→单击 *R*25 圆弧上的左侧象限点→选择起点时,单击 *R*25 圆弧上的右侧端点→输入圆心角【180】后按回车键确认,如图 6-17 所示。

图 6-16　　　　　　　　　　　　　　　图 6-17

【步骤4】 使用"两点_半径"功能→按<T>键后单击 *R*50 圆弧线的切点附近→继续按<T>键后单击 ϕ15 圆的水平中心线→光标拖至合适位置,输入半径【10】后按回车键确认,如图 6-18 所示。

【步骤5】 使用"裁剪"功能→剪掉 *R*50 圆弧的多余段,如图 6-18 所示。

【步骤6】 使用"两点线"功能的"单根"方式→单击 *R*50 圆弧的圆心→光标移至 *R*50 与 *R*10 圆弧的切点处（不要单击）→输入长度【50+3】后按回车键确认→取消该功能,如图 6-19 所示。

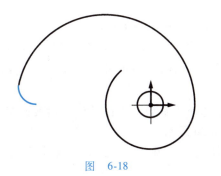

图 6-18

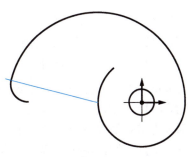

图 6-19

【步骤7】 点选直线，将其图层特性改为"中心线层"→按<Esc>键取消对象选择，如图6-20所示。

【步骤8】 点选R10圆弧后，单击其右下端点处的三角形夹点→光标移动到左侧中心线的中点处（或右端点处）→单击鼠标左键，将该圆弧的端点调整到中心线上，如图6-20所示。

【步骤9】 在"修改"功能区中，单击"旋转"功能图标"⟲"，在立即菜单中选择"给定角度、拷贝"方式→点选长度53的中心线→单击鼠标右键确认对象的选择→将光标移至R50圆弧的圆心处，单击鼠标左键→输入旋转角【-130】后按回车键确认，如图6-21所示。

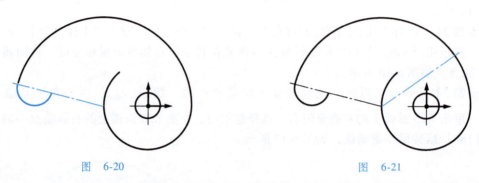

图 6-20　　　　　　　　　　　　　　　　图 6-21

【步骤10】 在"修改"功能区中，单击"等距线"功能图标"⌂"，在立即菜单中选择"单个拾取、指定距离、单向、空心、距离【5】、份数【1】"后按回车键确认→单选R10的圆弧→单击R10的圆弧内侧，确定等距线方向，如图6-22所示。

【步骤11】 使用"圆心_起点_圆心角"功能→单击R50圆弧的圆心点→单击R10圆弧上的端点处→输入圆心角【-130】后按回车键确认，如图6-23所示。

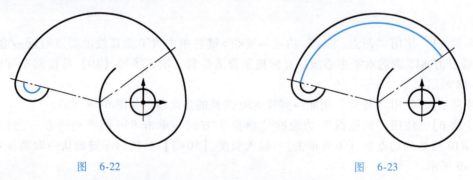

图 6-22　　　　　　　　　　　　　　　　图 6-23

【步骤12】 按上一步方法完成圆弧槽另一侧圆弧的绘制，如图6-24所示。

【步骤13】 单击"圆弧"功能图标下拉菜单中的"起点_终点_圆心角"功能图标"⌒"→在立即菜单中将圆心角设定为【180】后按回车键确认→单击R35圆弧的右端点→继续单击R45圆弧的右端点，如图6-25所示。

【步骤14】 使用"圆角"功能，在立即菜单中选择"裁剪、半径【5】"后按回车键确认→分别单击需要倒圆角圆弧段的保留部分，如图6-26所示。

【步骤15】 绘制R40圆弧，并将其图层特性改为"中心线层"，调整其长度，如图6-27所示。

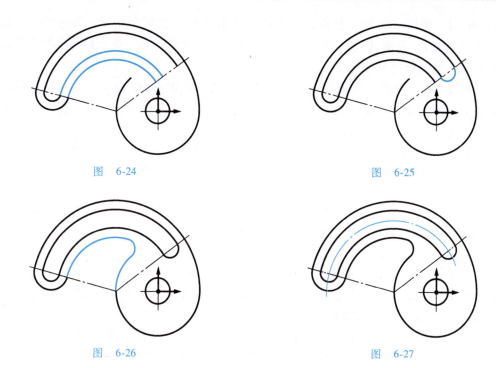

图 6-24　　　　　　　　　　　　　　　　图 6-25

图 6-26　　　　　　　　　　　　　　　　图 6-27

【步骤16】　按图添加中心线并调整其长度，删除重线，完成尺寸标注。

【步骤17】　按<F3>键，全屏显示→保存文档。

6.2.5　两点_半径

"两点_半径"功能可用来绘制已知两个端点和半径信息的圆弧。

应用实例【6-6】

两点_半径应用实例如图 6-28 所示，绘图分析见表 6-10。

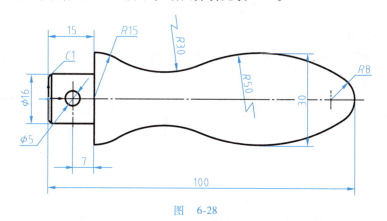

图　6-28

表 6-10　绘图分析

图形分析	该零件为回转类零件，R50 圆弧需要绘制水平辅助线，将绘图原点设定在左侧轴段中心处	
绘图模式	智能、导航	
输入方式	绝对坐标输入、数值输入	

【步骤1】 使用"矩形"功能，在立即菜单中选择"长度和宽度、顶边中心、角度【90】、长度【16】、宽度【15】、无中心线"方式，按回车键确认→将光标移至原点处，单击鼠标左键，如图6-29所示。

【步骤2】 在"修改"功能区中→单击"外倒角"功能图标"⬠"，在立即菜单中选择"长度和角度方式、长度【1】、角度【45】"方式，按回车键确认→点选需要倒角的三条线段→取消该功能，如图6-29所示。

【步骤3】 点选右侧竖直线段→单击该线段上端的方形夹点，向上方移动光标，当出现导航线时，输入【15-16/2】后按回车键确认→下端点同理进行延伸→取消对象的选择，如图6-29所示。

【步骤4】 使用"圆心_半径"功能→输入坐标【15-7,0】后按回车键确认→输入直径尺寸【5】后按回车键确认→取消该功能，如图6-29所示。

【步骤5】 使用"圆心_半径_起终角"功能，在立即菜单中输入"半径【15】、起始角【0】、终止角【90】"后按回车键确认→输入坐标【15,0】后按回车键确认→单击鼠标右键→在立即菜单中输入"半径【8】、起始角【270】、终止角【90】"后按回车键确认→输入坐标【100-8,0】后按回车键确认，如图6-29所示。

【步骤6】 使用"两点线"功能的"单根"方式→将光标移到R15圆弧的上端点处，单击鼠标左键→移动光标绘制一段任意长的水平线，如图6-30所示。

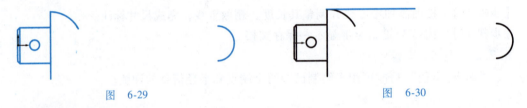

图 6-29   图 6-30

【步骤7】 使用"两点_半径"功能→按<T>键后，单击R8圆弧的切点附近→继续按<T>键，用鼠标左键点选上方的水平线→移动光标使圆弧与图中方向一致时，输入半径【50】后按回车键确认，如图6-31所示。

【步骤8】 删除之前绘制的水平线后，使用"两点_半径"功能，完成R30圆弧的绘制，如图6-32所示。

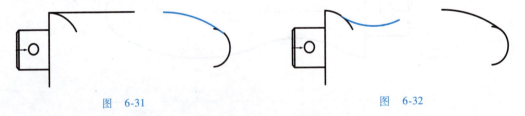

图 6-31   图 6-32

【步骤9】 使用"尖角"功能，完成圆弧交点的处理，如图6-33所示。

【步骤10】 使用"镜像"功能，在立即菜单中选择"拾取两点、拷贝"方式→框选R50、R30、R15的圆弧段，单击鼠标右键确认→将光标移至原点处，单击鼠标左键→将光标移至原点右侧，当出现水平导航线时，单击鼠标左键，如图6-34所示。

【步骤11】 使用"尖角"功能，处理下方的R8与R50圆弧的交点，如图6-34所示。

【步骤12】 按图添加中心线并调整其长度，删除重线，完成尺寸标注。

【步骤13】 按<F3>键，全屏显示→保存文档。

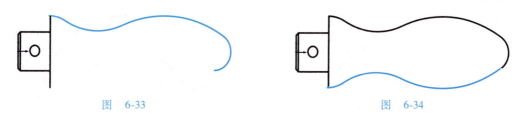

图　6-33　　　　　　　　　　　　图　6-34

6.2.6　起点_终点_圆心角

"起点_终点_圆心角"功能可用来绘制已知起点、终点和圆心角信息的圆弧。

应用实例【6-7】

起点_终点_圆心角应用实例如图 6-35 所示，绘图分析见表 6-11。

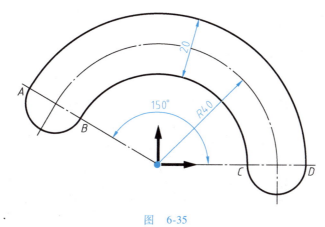

图　6-35

表 6-11　绘图分析

图形分析	圆弧槽两端封口圆弧的圆心角都是 180°，适合使用"起点_终点_圆心角"和"两点_半径"方式进行绘制	
绘图模式	自由、智能、导航	
输入方式	绝对坐标输入、数值输入	

　　【步骤 1】　使用"圆心_半径_起终角"功能，在立即菜单中输入"半径【40】、起始角【0】、终止角【150】"后按回车键确认→将光标移至原点处单击，如图 6-36 所示。

　　【步骤 2】　使用"等距线"功能，在立即菜单中选择"单个拾取、指定距离、双向、空心、距离【10】、份数【1】"后按回车键确认→点选 R40 的圆弧，如图 6-36 所示。

　　【步骤 3】　点选 R40 圆弧，将其图层特性改为"中心线层"→按<Esc>键取消选取对象，如图 6-36 所示。

　　【步骤 4】　使用"起点_终点_圆心角"功能，在立即菜单中将圆心角设定为【180】后按回车键确认→依次单击 A、B 点（先单击 A 点，再单击 B 点，因为圆弧的生成沿逆时针方向），如图 6-36 所示。

　　【步骤 5】　依照上述步骤，依次单击 C、D 点，完成另一条圆弧的绘制，如图 6-37 所示。

　　【步骤 6】　按图添加中心线并调整其长度，删除重线，完成尺寸标注。

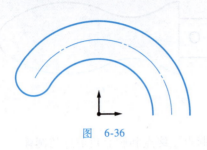

图 6-36

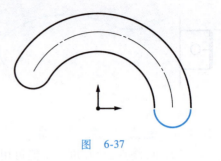

图 6-37

【步骤7】 按<F3>键，全屏显示→保存文档。

6.2.7 起点_半径_起终角

✐ "起点_半径_起终角"功能可用来绘制已知起点、半径和起终角信息的圆弧。

应用实例【6-8】

起点_半径_起终角应用实例如图6-38所示，绘图分析见表6-12。

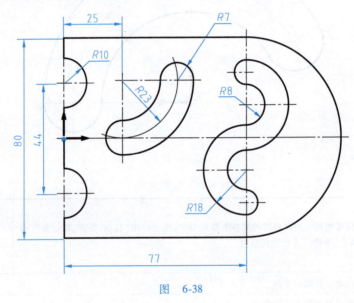

图 6-38

表 6-12 绘图分析

图形分析	图中 R10、R23 圆弧更适合使用"圆心_半径_起终角"功能绘制，为了更好地理解和使用"起点_半径_起终角"功能，本例将采用"起点_半径_起终角"功能绘制，将绘图原点设定在图形左端中点处
绘图模式	智能、导航
输入方式	绝对坐标输入、数值输入

【步骤1】 单击"圆弧"功能图标下拉菜单中的"起点_半径_起终角"功能图标"✐"，在立即菜单中输入"半径【10】、起始角【270】、终止角【90】"后按回车键确认→输入坐标【0,44/2-10】后按回车键确认，如图6-39所示。

【步骤2】 使用"两点线"功能，在立即菜单中选择"连续"方式→单击R10圆弧的上端点→输入坐标【0,80/2】后按回车键确认→将光标移至右侧水平方向，当出现导航线时，输入长度【77】后按回车键确认→取消该功能，如图 6-39 所示。

【步骤 3】　使用"镜像"功能，在立即菜单中选择"拾取两点、拷贝"方式→框选镜像对象，单击鼠标右键确认选择→将光标移至原点处，单击鼠标左键→将光标移至原点右侧，当出现水平导航线时，单击鼠标左键，如图 6-39 所示。

【步骤 4】　使用"两点线"功能的"单根"方式→绘制左端两条 R10 圆弧之间的直线，如图 6-39 所示。

【步骤 5】　使用"起点_半径_起终角"功能，在立即菜单中输入"半径【40】、起始角【270】、终止角【90】"后按回车键确认→将光标移至下方直线右端点处，单击鼠标左键，如图 6-39 所示。

【步骤 6】　使用"起点_半径_起终角"功能，在立即菜单中输入"半径【23】、起始角【270】、终止角【360】"后按回车键确认→输入坐标【25,0】后按回车键确认→单击鼠标右键→在立即菜单中输入"半径【13】、起始角【270】、终止角【90】"后按回车键确认→将光标移至 R40 的圆心处，单击鼠标左键→单击鼠标右键→在立即菜单中输入"半径【13】、起始角【90】、终止角【270】"后按回车键确认输入→将光标移至 R40 的圆心处，单击鼠标左键，如图 6-40 所示。

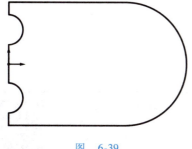

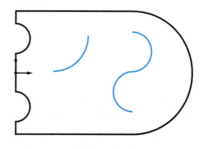

图　6-39　　　　　　　　　　　　图　6-40

【步骤 7】　使用"等距线"功能，在立即菜单中选择"单个拾取、指定距离、双向、距离【7】"方式，按回车键确认输入→单击 R23 的圆弧→单击鼠标右键→在立即菜单中选择"链拾取、指定距离、双向、距离【5】"方式，按回车键确认输入→单击 R13 的圆弧，如图 6-41 所示。

【步骤 8】　使用"起点_终点_圆心角"功能，完成其余圆弧的绘制，如图 6-42 所示。

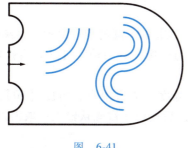
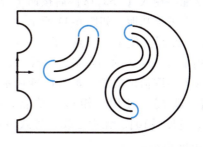

图　6-41　　　　　　　　　　　　图　6-42

【步骤 9】　点选 R23 圆弧，将其图层特性改为"中心线层"，并删除多余圆弧段。

【步骤 10】　按图添加中心线并调整其长度，删除重线，完成尺寸标注。

【步骤 11】　按 <F3> 键，全屏显示→保存文档。

6.2.8 圆弧绘图（一）
应用实例【6-9】

圆弧绘图综合应用实例如图 6-43 所示，绘图分析见表 6-13。

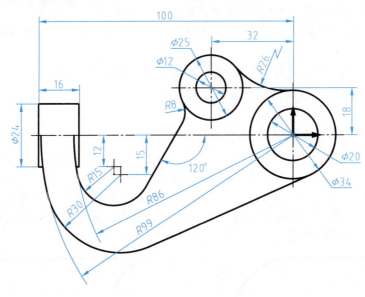

图 6-43

表 6-13 绘图分析

图形分析	该图中的 $R99$、$R86$ 圆弧适合使用"圆心_半径_起终角"功能绘制，与 $R15$、$R30$ 圆弧分别相切，可通过圆弧的相切关系找到其圆心位置。120°斜线与 $R15$ 圆弧相切，适合用"角度线"功能绘制，$R26$ 圆弧与相邻的圆弧相切，适合使用"两点_半径"功能绘制，将绘图原点设定在 $\phi20$ 圆的圆心处
绘图模式	智能、导航
输入方式	绝对坐标输入、数值输入

　　【步骤 1】　使用"圆心_半径"功能，选择"直径、无中心线"方式→输入【0,0】后按回车键确认输入→分别输入【20】、【34】后按回车键确认输入→双击鼠标右键，继续使用该功能→输入【-32,18】后按回车键确认输入→分别输入【12】、【25】后按回车键确认输入→取消该功能，如图 6-44 所示。

　　【步骤 2】　使用"两点_半径"功能→按<T>键后单击 $\phi25$ 圆的切点附近→继续按<T>键后用单击 $\phi34$ 圆的切点附近→移动鼠标使圆弧方向与图中一致→输入【26】后按回车键确认输入→取消该功能，如图 6-44 所示。

　　【步骤 3】　使用"矩形"功能，选择"长度和宽度、顶边中点、角度【90】、长度【24】、宽度【16】、无中心线"方式→输入【-100,0】后按回车键确认输入→取消该功能，如图 6-44 所示。

　　【步骤 4】　使用"圆心_半径_起终角"功能，在立即菜单中输入"半径【99】、起始角【180】、终止角【200】（预估值）"后按回车键确认→输入【0,0】后按回车键确认输入→将半径值改为【86】后，移动光标在原点处单击→同理绘制半径值分别为【99-30】、【86-15】的两条圆弧→取消该功能，如图 6-45 所示。

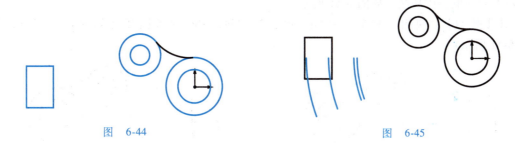

图   6-44   图   6-45

【步骤5】   使用"两点线"功能的"单根"方式，将光标移动至 R15 圆弧圆心的附近位置，在状态栏中可以看到坐标提示，选择圆整的 X 值→输入【-75,-15】后按回车键确认输入→移动鼠标绘制一段与 R【86-15】圆弧相交的水平线→同理绘制一段与 R【99-30】圆弧相交的水平线→取消该功能，如图 6-46 所示。

【步骤6】   使用"圆心_起点_圆心角"功能，移动光标至水平线与圆弧 R【86-15】的交点处单击→按<T>键后单击 R86 圆弧→将光标向右下方拖出一段圆弧，在任意位置单击→继续使用该功能，同理绘制与 R99 相切的 R30 圆弧，如图 6-47 所示。

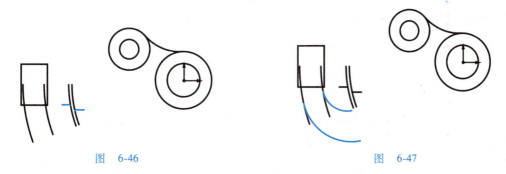

图   6-46   图   6-47

【步骤7】   选择"两点线"功能的"单根"方式→按<T>键后单击 R30 圆弧的下方切点附近→继续按<T>键后单击与 φ34 圆的切点附近→单击鼠标右键取消该功能，如图 6-48 所示。

【步骤8】   使用"角度线"功能，在立即菜单中选择"X 轴夹角、到点、度【60】"方式→继续按<T>键后单击 R15 圆弧的切点附近→移动光标至其右上方任意位置单击确认→取消该功能，如图 6-49 所示。

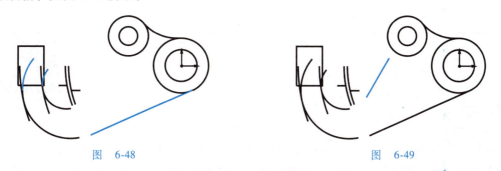

图   6-48   图   6-49

【步骤9】   使用"尖角"功能，处理各图线相交情况，并删除多余的直线和圆弧，如图 6-50 所示。

【步骤10】   使用"圆角"功能，选择"裁剪、半径【8】"方式→单击角度线及 φ25 圆的左上方→取消该功能，如图 6-51 所示。

【步骤 11】 使用"裁剪"功能，剪裁掉 R99、R86 两条圆弧之间的矩形部分，如图 6-51 所示。

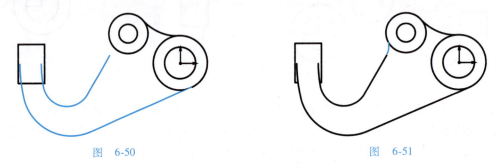

图 6-50　　　　　　　　　　　　　　　　图 6-51

【步骤 12】 按图添加中心线并调整其长度，完成尺寸标注。

【步骤 13】 按<F3>键，全屏显示→保存文档。

6.2.9　圆弧绘图（二）

应用实例【6-10】

圆弧绘图综合应用实例如图 6-52 所示，绘图分析见表 6-14。

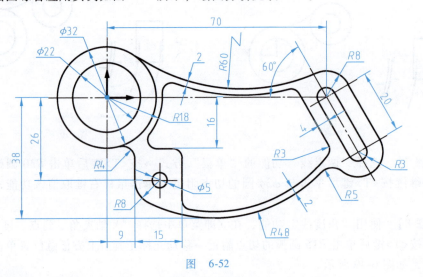

图　6-52

表 6-14　绘图分析

图形分析	图中右侧倾斜腰型槽可以使用"角度线"及"等距线"等功能绘制，当然也可以使用"两点线"功能，按极坐标方式绘制，左下角的 $\phi5$ 圆可以通过输入其圆心坐标绘制，下方 R48 圆弧需要绘制水平辅助线，将绘图原点设定在 $\phi32$ 圆的圆心处
绘图模式	智能、导航
输入方式	绝对坐标输入、数值输入

【步骤 1】 使用"圆心_半径"功能，在立即菜单中选择"直径、无中心线"方式→将光标移至原点处，单击鼠标左键→输入直径【22】后按回车键确认→连续输入直径【32】后按回车键确认→双击鼠标右键→输入坐标【9+8，-26】后按回车键确认→输入直径【5】后按回车键确认→取消该功能，如图 6-53 所示。

【步骤2】 使用"角度线"功能，在立即菜单中选择"X轴夹角、到点、度【−60】"方式后，按回车键确认输入→输入坐标【70,0】后按回车键确认→将光标向右下方移动，输入长度【20】后按回车键确认，如图6-53所示。

【步骤3】 使用"等距线"功能，在立即菜单中选择"单个拾取、指定距离、双向、距离【3】"方式后按回车键确认→单击上一步绘制的角度线，如图6-54所示。

图 6-53　　　　　　　　　　　　　　　　　　　　　　图 6-54

【步骤4】 使用"起点_终点_圆心角"功能，补齐R3圆弧段，如图6-55所示。

【步骤5】 使用"等距线"功能，在立即菜单中选择"链拾取、单向、距离【5】"方式后按回车键确认→单击槽轮廓中任意图线，然后在外侧方向单击→删除左侧等距线，如图6-56所示。

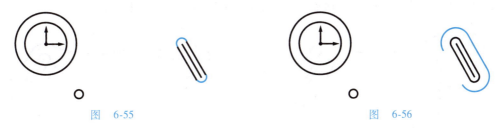

图 6-55　　　　　　　　　　　　　　　　　　　　　　图 6-56

【步骤6】 使用"平行线"功能，在立即菜单中选择"偏移方式、单向"方式→用鼠标左键点选轮廓左侧斜线，将光标移至其左侧，输入【4】后按回车键确认→取消该功能，如图6-57所示。

【步骤7】 使用"两点_半径"功能→按<T>键后单击φ32圆的切点附近→继续按<T>键，单击R8圆弧的切点附近→将光标向下方移动，输入半径【60】后按回车键确认，如图6-57所示。

【步骤8】 使用"尖角"功能，处理R60与R8圆弧的交点，如图6-57所示。

【步骤9】 使用"矩形"功能，在立即菜单中选择"两点"方式→输入坐标【9+15，−16】后按回车键确认→输入坐标【9，−38】后按回车键确认，如图6-58所示。

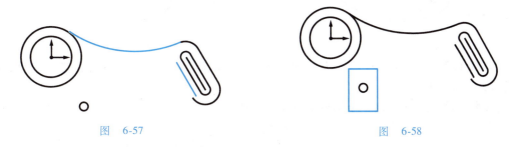

图 6-57　　　　　　　　　　　　　　　　　　　　　　图 6-58

【步骤10】 使用"分解"功能分解矩形。

【步骤11】 使用"圆心_半径_起终角"功能，在立即菜单中输入"半径【18】、起始角【340】、终止角【10】"（起始角和终止角为预估值）后按回车键确认→将光标移至原点处，单击鼠标左键→单击鼠标右键→在立即菜单中输入"半径【8】、起始角【180】、终止角【300】（预估值）"后按回车键确认→将光标移至 φ5 圆的圆心处，单击鼠标左键，如图 6-59 所示。

【步骤 12】 使用"两点_半径"功能→按<T>键后单击 R8 圆弧的切点附近→继续按<T>键后单击下方水平线→将光标向左下方移动，输入半径【48】后按回车键确认，如图 6-60 所示。

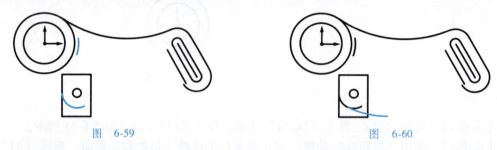

图 6-59   图 6-60

【步骤 13】 删除矩形下方的水平线辅助线，如图 6-61 所示。

【步骤 14】 使用"裁剪"功能，剪裁掉多余部分，如图 6-61 所示。

【步骤 15】 使用"圆角"功能，处理 R4 与 R5 的圆弧，如图 6-62 所示。

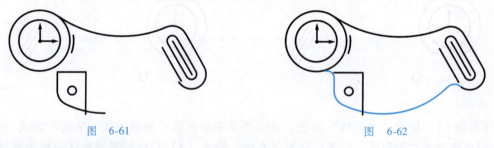

图 6-61   图 6-62

【步骤 16】 使用"等距线"功能，在立即菜单中选择"单个拾取、单向、距离【2】"方式后按回车键确认→等距 R48 与 R60 的圆弧，如图 6-63 所示。

【步骤 17】 使用"圆角"功能，处理内轮廓的 6 个 R3 圆角，如图 6-64 所示。

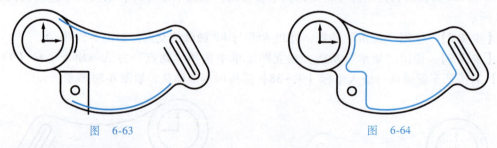

图 6-63   图 6-64

【步骤 18】 将左端角度线改为"中心线层"，按图添加其余中心线并调整其长度，删除重线，完成尺寸标注。

【步骤 19】 按<F3>键，全屏显示→保存文档。

6.3 多 段 线

"多段线"功能可用来连续绘制直线与圆弧相切、圆弧与圆弧相切的轮廓，它是一种特殊的组合曲线，编辑其中任何一条图线的位置或端点，都可能会对相邻段产生影响。

应用实例【6-11】

多段线应用实例如图 6-65 所示，绘图分析见表 6-15。

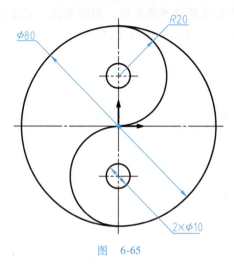

图　6-65

表 6-15　绘图分析

图形分析	"圆弧"功能不能连续绘制相连圆弧,本例将采用"多段线"功能进行外轮廓圆弧的连续绘制,将绘图原点设定在图形中心处	
绘图模式	导航	
输入方式	绝对坐标输入、数值输入	

【步骤1】　在"绘图"面板中，单击"多段线"功能图标"⌐○"，在立即菜单中选择"直接作图、圆弧、不封闭"方式→在原点处单击鼠标左键→将光标移至原点正上方，当出现竖直导航线时，输入【40】后按回车键确认（当用鼠标单击方式绘制圆弧时，其方向可使用<Ctrl>键进行切换，该功能会记忆上一条圆弧的切线方向）→将光标移至原点正下方，当出现竖直导航线时，输入【80】后按回车键确认→取消该功能，如图 6-66 所示。

【步骤2】　使用"圆心_半径"功能→输入坐标【0,20】后按回车键确认（也可以在 R20 圆心处单击鼠标左键）→输入直径【10】后按回车键确认，如图 6-67 所示。

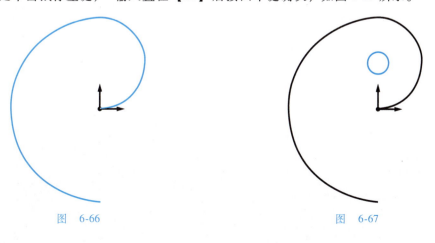

图　6-66　　　　　　　　　　　　　　　　图　6-67

【步骤3】 使用"旋转"功能→在立即菜单中选择"给定角度、拷贝"方式→框选所有旋转对象，单击鼠标右键确认选择→将光标移至原点处，单击鼠标左键→输入旋转角【180】后按回车键确认。

【步骤4】 按图添加中心线并调整其长度，删除重线，完成尺寸标注。

【步骤5】 按<F3>键，全屏显示→保存文档。

项目7   其他图形绘制

绘图中除了常见的"直线""圆弧"工具，还有"矩形""正多边形""平行线""中心线""椭圆"工具，"填充"与"剖面线"工具，"孔/轴"与"齿形"、"局部放大"等辅助工具，合理地使用这些工具会给绘图工作带来很大帮助。较为复杂的数学图形还可以使用"公式曲线"功能来绘制。

7.1   矩形/正多边形/中心线

▭ "矩形"工具可以用"两角点"和"长度和宽度"两种方式来绘制矩形。选用"长度和宽度"方式时，定位点可以设定在"中心定位""顶边中点"和"左上角点定位"，同时可以设置旋转角度，沿逆时针方向旋转为正值。如果定位点设定在"顶边中点"或"左上角点定位"，旋转角度设定为不同的值，会产生不同的定位效果。各种定位设置如图 7-1 所示。

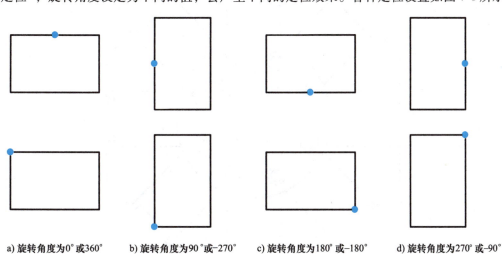

a) 旋转角度为0°或360°   b) 旋转角度为90°或−270°   c) 旋转角度为180°或−180°   d) 旋转角度为270°或−90°

图   7-1

⬠ "正多边形"工具可以用"中心定位"和"底边定位"两种方式来确定正多边形所在位置，按"给定半径"和"给定边长"方式来控制其大小和方向，按"内接于圆"和"外切于圆"方式来绘制正多边形，同时可以设置边数及旋转角度，还可以选择是否绘制中心线。边长输入正值，则正向绘制，如果边长输入负值，则反向绘制。正多边形的绘制方式如图 7-2 所示。

✐ "中心线"工具可以用"指定延长线长度"和"自由"两种方式来绘制中心线。在"指定延长线长度"方式下，选择"快速生成"可以为圆、圆弧、椭圆绘制中心线，也可在两条直线间绘制中心线，选择"批量生成"可为所有拾取到的圆、圆弧及椭圆同时绘制中心线。

a) 内接于圆,半径为正值　　b) 外切于圆,半径为正值　　c) 内接于圆,半径为负值　　d) 外切于圆,半径为负值

e) 底边定位,边长为正值　　f) 底边定位,边长为负值

图　7-2

应用实例【7-1】

矩形、正多边形、中心线应用实例如图 7-3 所示，绘图分析见表 7-1。

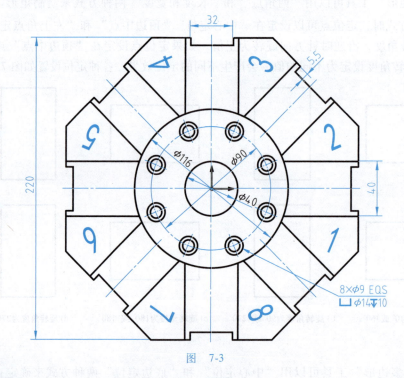

图　7-3

表 7-1　绘图分析

图形分析	该图形看似复杂,仔细观察可知使用"阵列"功能可以快速绘图,文本无法使用递增文字功能制作,只能在圆形阵列后逐个更改内容,由于结构的对称性,将绘图原点设定在图形中点处	
绘图模式	导航	
输入方式	绝对坐标输入、极坐标输入、数值输入	

【步骤1】 在"绘图"面板中，单击"正多边形"功能图标"⬠"，在立即菜单中选择"中心定位、给定半径、外切于圆、边数【8】、旋转角【0】、无中心线"方式→在原点处单击，输入半径【220/2】后按回车键确认，如图7-4所示。

【步骤2】 使用"分解"功能分解正八边形，保留正八边形的上方水平线，删除其余线段，如图7-4所示。

【步骤3】 使用"矩形"功能，在立即菜单中选择"长度和宽度、顶边中点、角度【0】、长度【32】、宽度【5.5】、无中心线"方式→在水平线的中点处单击→单击鼠标右键继续使用该功能→在立即菜单中输入"长度【40】、宽度【70】（为预估值）"后按回车键确认→在水平线的中点处单击，如图7-4所示。

【步骤4】 使用"圆心_半径"功能→在原点处单击，输入直径【116】后按回车键确认，再输入直径【40】后按回车键确认→双击鼠标右键→输入坐标【@45<22.5】后按回车键确认→继续绘制φ9和φ14的圆，如图7-4所示。

【步骤5】 使用"裁剪"功能，裁剪掉多余部分，如图7-5所示。

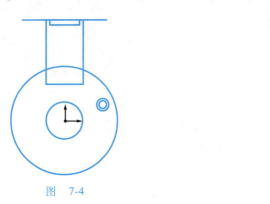
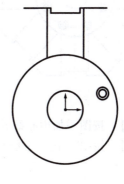

图 7-4   图 7-5

【步骤6】 使用"中心线"功能，为上方宽40的槽添加中心线，如图7-6所示。

【步骤7】 使用"阵列"功能，在立即菜单中选择"圆形阵列、旋转、均布、份数【8】"方式→框选除了φ40和φ116圆的所有对象，单击鼠标右键确认选择→再次单击原点处，完成阵列，如图7-6所示。

【步骤8】 在"常用"功能区选项卡的"绘图"面板中，单击"圆形阵列中心线"功能图标"⊞"，在立即菜单中选择"使用默认图层、中心线长度【3】"方式→框选所有圆对象后单击鼠标右键确认选择（该功能只能拾取圆对象，不能为圆弧绘制中心线），如图7-7所示。

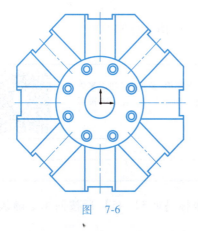
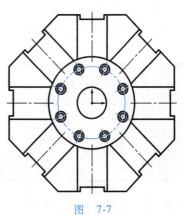

图 7-6   图 7-7

【步骤9】 在"常用"功能区选项卡的"标注"面板中，单击"文字"功能图标"**A**"，在立即菜单中选择"指定两点"方式→将光标移至文本位置附近，单击鼠标左键→再移动光标到右下角后单击→将字体设为黑体、字高【20】、居中对齐，输入文字【1】，单击"确定"按钮→单击文本中间的夹点，输入坐标【98,0】后按回车键确认。

【步骤10】 使用"旋转"功能，以原点为基准将文本沿顺时针方向转动 22.5°，如图 7-8 所示。

【步骤11】 使用"阵列"功能，以原点为阵列中心点，将文本阵列 8 份，分别双击各文本，修改其文字与图中文字保持一致，如图 7-9 所示。

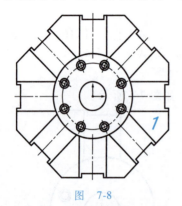
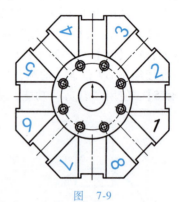

图 7-8   图 7-9

【步骤12】 按图添加中心线并调整其长度，删除重线，完成尺寸标注。
【步骤13】 按<F3>键，全屏显示→保存文档。

7.2 平行线/圆形阵列中心线

/ "平行线"工具用来绘制直线的平行线，可以选择"偏移方式"和"两点方式"。选择"偏移方式"时，可进一步选择"单向"或"双向"进行偏移。选择"两点方式"时，则可连续绘制多条平行线。

■ "圆形阵列中心线"工具可为处在同一圆周上不同位置的所有圆同时绘制中心线，处在同一圆周上不同位置的圆不能少于 3 个。可以使用默认图层、使用当前图层、使用视图属性中指定的图层来绘制，但不能为同一圆周上圆弧绘制中心线。

应用实例【7-2】

平行线、圆形阵列中心线应用实例如图 7-10 所示，绘图分析见表 7-2。

表 7-2 绘图分析

图形分析	该图形处于倾斜状态,斜线并未标注角度,所以不能使用"角度线"功能来绘制,可对两圆心的连线使用"平行线"功能来绘制,将绘图原点设定在 φ16 圆弧的圆心处	
绘图模式	智能、导航	
输入方式	绝对坐标输入、极坐标输入、数值输入	

【步骤1】 使用"圆心_半径"功能→输入圆心坐标【@ 32<45】后按回车键确认→绘

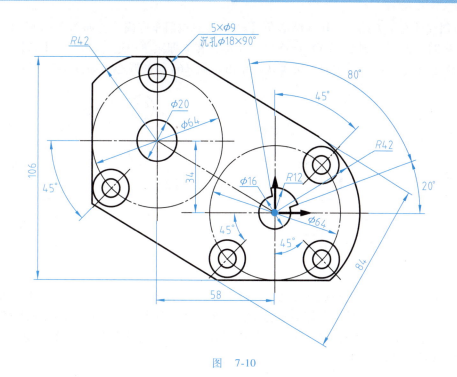

图　7-10

制ϕ9和ϕ18的圆→继续使用该功能，输入ϕ20圆的圆心坐标【-58,34】后按回车键确认→输入直径【20】后按回车键确认→取消该功能，如图7-11所示。

【步骤2】　使用"阵列"功能，在立即菜单中输入"给定夹角、相邻夹角【90】、阵列填角【-180】"后按回车键确认→框选两同心圆后单击原点作为阵列中心点，如图7-11所示。

【步骤3】　使用"圆形阵列中心线"功能，添加中心线，如图7-11所示。

【步骤4】　使用"平移复制"功能，选择"给定两点"方式→框选除了ϕ20圆、右下角的圆及中心线的所有对象，单击鼠标右键确认选择→单击原点作为移动的第一点→单击ϕ20圆的圆心，如图7-11所示。

【步骤5】　使用"旋转"功能，将右上方的两个圆及中心线旋转【45】度，如图7-12所示。

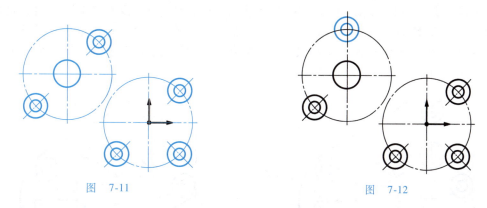

图　7-11　　　　　　　　　　　　　　　　图　7-12

【步骤6】　使用"两点线"功能，连接两中心线圆的中心，如图7-13所示。

【步骤7】　使用"等距线"功能，将两圆中心的连线双向等距【42】，如图7-13所示。

【步骤8】　使用"圆心_起点_圆心角"功能→将光标移至原点处，单击鼠标左键→单击右上方斜线的右下方端点→输入圆心角【-120】后按回车键确认，如图 7-13 所示。

【步骤9】 使用"圆心_半径_起终角"功能，在立即菜单中输入"半径【42】、起始角【110】、终止角【140】"后按回车键确认→单击左侧 φ64 圆的圆心，如图 7-14 所示。

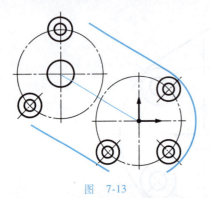

图 7-13　　　　　　　　　　　　图 7-14

【步骤10】 使用"两点线"功能，选择"单根"方式→单击右侧 φ64 圆的下侧象限点，绘制一条水平线→再单击左侧 φ64 圆的左侧象限点，绘制一条竖直线，如图 7-15 所示。

【步骤11】 使用"平行线"功能→点选下方水平线→将光标向上移动，输入【106】后按回车键确认，如图 7-16 所示。

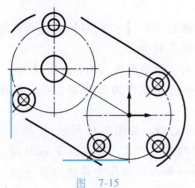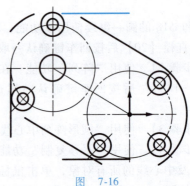

图 7-15　　　　　　　　　　　　图 7-16

【步骤12】 使用"尖角"功能及"裁剪"功能，处理外轮廓，如图 7-17 所示。

【步骤13】 使用"圆心_半径_起终角"功能，在立即菜单中输入"半径【8】、起始角【100】、终止角【20】"后按回车键确认→在原点处单击鼠标左键→单击鼠标右键继续使用该功能→在立即菜单中输入"半径【12】、起始角【20】、终止角【100】"后按回车键确认→在原点处单击鼠标左键，如图 7-18 所示。

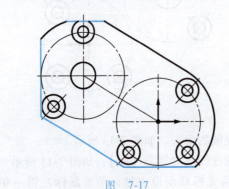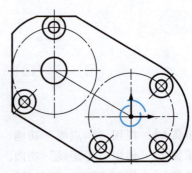

图 7-17　　　　　　　　　　　　图 7-18

【步骤14】　使用"两点线"功能，补齐两圆弧之间的连线。

【步骤15】　将两圆心连线的图层特性改为"中心线层"，删除重线，完成尺寸标注。

【步骤16】　按<F3>键，全屏显示→保存文档。

7.3　椭　　圆

"椭圆"工具可用"给定长短轴""轴上两点"和"中心点_起点"三种方式绘制椭圆。"给定长短轴"方式可以绘制椭圆及椭圆弧，其余两种方式只能绘制椭圆。

应用实例【7-3】

椭圆应用实例如图7-19所示，绘图分析见表7-3。

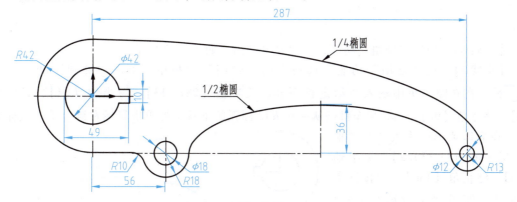

图　7-19

表 7-3　绘图分析

图形分析	图中有两个椭圆弧,可用"椭圆"功能绘制,只要设置起始角和终止角就可以画出两段椭圆弧,将绘图原点设定在R42圆弧的圆心处	
绘图模式	智能或导航	
输入方式	绝对坐标输入、数值输入	

【步骤1】　使用"圆心_半径"功能→在原点处单击鼠标左键，输入直径【42】后按回车键确认→双击鼠标右键→输入圆心坐标【56，-42】后按回车键确认，输入直径【18】后按回车键确认→双击鼠标右键→输入圆心坐标【287，-42】后按回车键确认，输入直径【12】后按回车键确认，如图7-20所示。

【步骤2】　使用"矩形"功能，在立即菜单中输入"顶边中心、角度【-90】、长度【10】、宽度【20】"（宽度为预估值）后按回车键确认→将光标移至φ42圆的左侧象限点上→光标水平向右移动少许，输入【49】后按回车键确认，如图7-20所示。

图　7-20

【步骤3】 使用"裁剪"功能，裁剪掉多余部分。

【步骤4】 使用"圆心_半径_起终角"功能，在立即菜单中输入"半径【42】、起始角【90】、终止角【270】"后按回车键确认→在原点处单击鼠标左键→单击鼠标右键→在立即菜单中输入"半径【18】、起始角【180】、终止角【360】"后按回车键确认→在 $\phi18$ 圆心处单击鼠标左键→单击鼠标右键→在立即菜单中输入"半径【13】"后按回车键确认→在 $\phi12$ 圆心处单击鼠标左键，如图 7-21 所示。

【步骤5】 使用"两点线"功能→在 $R42$ 圆弧的下端点处单击鼠标左键→光标向右侧移动，绘制一条水平线，如图 7-22 所示。

图　7-21

【步骤6】 使用"圆角"功能，处理 $R10$ 圆弧，如图 7-22 所示。

【步骤7】 在"常用"功能区选项卡的"绘图"面板中，单击"椭圆"功能图标"⬭"，在立即菜单中输入"给定长短轴、长半轴【287＋13】、短半轴【84】、起始角【0】、终止角【90】"后按回车键确认→在 $R42$ 圆弧的下端点处单击鼠标左键→单击鼠标右键→在立即菜单中输入"长半轴【(287－56－18－13)/2】、短半轴【36】、终止角【180】"后按回车键确认→按<B>键，分别单击 $R18$ 圆弧的右端点和 $R13$ 圆弧的左端点，如图 7-22 所示。

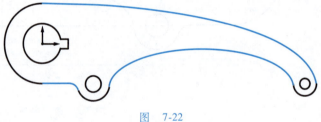

图　7-22

【步骤8】 按图添加中心线并调整其长度，删除重线，完成尺寸标注。

【步骤9】 按<F3>键，全屏显示→保存文档。

7.4　填充与剖面线

⬙ "填充"工具可用来对封闭区域进行当前色填充，有"独立"和"非独立"两种方式。"独立"方式为封闭区域内部全部填充。"非独立"方式为封闭区域内部还有不需要填充的区域，操作时，应先在外部区域与内部区域之间单击，让系统识别最大的填充区域，然后在不需要填充的区域内部单击，让系统识别不需要填充的区域。

⬙ "渐变色"工具可用来对封闭区域进行单色或双色的填充。单色填充与填充功能基本一致，只是可以单独选择颜色，双色填充还可以调整填充方向。

⬙ "剖面线"工具可用来对封闭区域进行图案填充，也有"独立"和"非独立"两种填充方式，还可以设置图案比例、角度及间距错开值。选择"不选择剖面图案"方式，系统会用前一次填充的图案进行填充；选择"选择剖面图案"方式，可在对话框中选择图案。

应用实例【7-4】

填充与剖面线应用实例如图 7-23 所示。

【步骤1】 根据需要可绘制多个封闭轮廓。

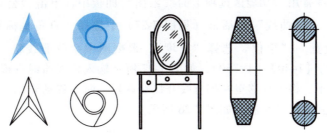

图 7-23

【步骤2】 在"常用"功能区选项卡的"绘图"面板中，单击"填充"功能图标""，在立即菜单中选择"独立"或"非独立"方式→单击填充区域内部，即可完成当前色填充。

【步骤3】 在"常用"功能区选项卡的"绘图"面板中，单击"渐变色"功能图标"▦"，在立即菜单中选择"拾取点、独立"方式→单击填充区域内部后单击鼠标右键确认选择→在弹出的"渐变色"对话框中进行颜色和方向的设定，即可完成渐变色的填充。

【步骤4】 在"常用"功能区选项卡的"绘图"面板中，单击"剖面线"功能图标"▧"，在立即菜单中选择"拾取点、选择剖面图案、独立"方式→单击封闭区域内部后单击鼠标右键确认选择→在弹出的"剖面图案"对话框中进行图案的选择及参数的设定，即可完成剖面线的填充。

7.5　公　式　曲　线

 "公式曲线"工具可通过输入参数公式的方式来绘制数学曲线。可以选用直角坐标系和极坐标系，参变量在起始值和终止值之间按控制精度进行变化，常用英文字母表示，可以选择使用弧度或角度作为计算单位。用户需要有一定的数学功底。

应用实例【7-5】

公式曲线应用实例如图 7-24 所示。

【步骤1】 使用"矩形"功能，在立即菜单中输入"长度和宽度、中心定位、角度【0】、长度【100】、宽度【36】"后按回车键确认→用单击左键的方式将其放置在绘图区的任意位置上→单击右键继续使用该功能，将长度改为【80】→将其放置在上一矩形顶边的中点处。

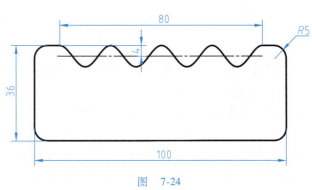

图 7-24

【步骤2】 使用"裁剪"功能剪切掉多余部分，并删除长度为【80】的矩形，如图 7-25 所示。

【步骤3】 使用"多圆角"功能处理所有的 R5 圆角，如图 7-25 所示。

【步骤4】 在"常用"功能区选项卡的"绘图"面板中，单击"公式曲线"功能图标"～"→在弹出的"公式曲线"对话框（见图7-27）中选择"直角坐标系"方式，"参变量"用英文字母设置，"单位"选择"角度"，根据图中余弦曲线将"起始值"设置为【0】，终止值设置为【1440】（4×360），如图7-27所示输入公式曲线方程，并单击"确定"按钮→在导航模式下，将光标移至左侧直线开口端点处，向下移动光标→输入【4】后按回车键确认，完成公式曲线的绘制，如图7-26所示。

图 7-25

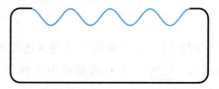

图 7-26

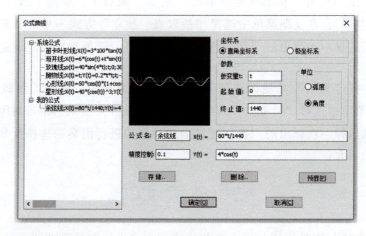

图 7-27

【步骤5】 按图添加中心线并调整其长度，完成尺寸标注。
【步骤6】 按<F3>键，全屏显示→保存文档。

7.6 孔/轴、局部放大

"孔/轴"工具可用来进行孔和轴的绘制，有"直接给出角度"和"两点确定角度"两种方式。对已知倾斜角度的孔/轴，可直接给出角度值，如果在水平方向上绘制，则角度值可以输入【0】或【180】。在未知倾斜角度的情况下，可选用"两点确定角度"方式。如果"起始直径"与"终止直径"一致，则只需要输入"起始直径"值，当光标移到绘图窗口或按回车键确认输入后，"终止直径"值将自动与"起始直径"值一致。

"局部放大"工具用来对图形的局部细小结构进行放大。局部放大图的标注比例为绘图比例×放大倍数。标注符号应使用罗马数字，需在"选项"功能的"系统"界面中提前进行设置。

应用实例【7-6】
孔/轴、局部放大应用实例如图7-28所示，绘图分析见表7-4。

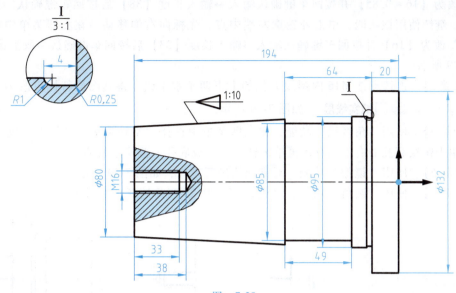

图 7-28

表 7-4 绘图分析

图形分析	该图形属于轴类零件,还有内孔结构及螺纹结构,轴上还有锥度结构,使用常规的方法绘制较为烦琐,因此可使用"孔/轴"功能来绘制,将绘图原点设定在图形右侧中点处	
绘图模式	导航	
输入方式	数值输入	

【步骤1】 在"常用"功能区选项卡的"绘图"面板中,单击"孔/轴"功能图标"▣",在立即菜单中选择"轴、直接给出角度、中心线角度【0】"方式→在原点处单击鼠标左键,将光标移动到原点左侧→在立即菜单中输入"起始直径【132】"后按回车键确认,输入长度【20】后按回车键确认。可参照表7-5中的参数,依次绘制各轴段,如图7-29所示。

表 7-5 图形中各轴段参数值

起始直径	终止直径	长度
132	132	20
93	93	4
95	95	64-49-4
85	85	49
80+(194-64-20)/10	80	194-64-20

操作提示:

1)如果终止直径与起始直径相同,则可以只输入起始直径值,光标移回绘图区时,终止直径会自动更改为起始直径值。

2)输入长度值后,确保光标位于绘制段的左侧后再按回车键确认。

【步骤2】 绘制完外轮廓后不必取消该功能,移动光标至右侧,在立即菜单中将"起始直径"改为【16 * 0.85】并按回车键确认输入→输入长度【38】后按回车键确认→双击鼠标右键，继续使用该功能，单击外轮廓左端中点，光标向右侧移动→在立即菜单中将"起始直径"改为【16】并按回车键确认输入→输入长度【33】后按回车键确认→取消该功能，如图7-29所示。

【步骤3】 连续点选M16内螺纹大径的上下两条水平线，将其图层特性更改为"细实线层" 💡 ● 🔓 🖨 □ **细实线层**，如图7-29所示。

【步骤4】 使用"角度线"功能，在立即菜单中选择"X轴夹角、到线上、度【60】"方式→单击螺纹底孔的右下端点，再单击轴线，完成底孔一侧锥顶线的绘制。

【步骤5】 使用"镜像"功能，对锥顶线进行镜像，如图7-29所示。

【步骤6】 使用"圆角"功能，完成$R1$和$R0.25$圆角处理，如图7-30所示。

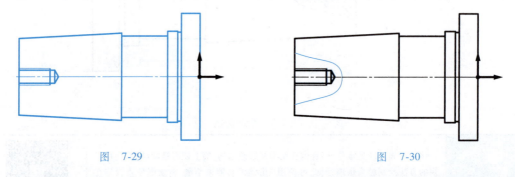

图 7-29   图 7-30

【步骤7】 在"绘图"面板中，单击"样条"功能图标"〜"→绘制局部剖切轮廓（该轮廓为呈波浪状的细实线），如图7-30所示。

【步骤8】 使用"剖面线"功能，完成剖切部分的剖面线的填充，切记填充到底孔位置。

【步骤9】 在"绘图"面板中，单击"局部放大"功能图标"🔍"，在立即菜单中选择"圆形边界、加引线、放大倍数【6】、符号【I】"方式（该图的绘图比例为1:2，所以视图中的局部放大视图显示比例为3:1）→在该图中所显示局部放大处单击鼠标左键，移动光标至局部放大视图中圆的大小合适后单击鼠标左键，移动光标至合适位置处单击鼠标左键放置符号→移动光标至合适位置处单击鼠标左键放置局部放大视图，并将光标向右水平移动，单击鼠标左键摆正方向→光标移至合适位置时，单击鼠标左键放置视图标识，如图7-31所示。

【步骤10】 双击局部放大视图进入块编辑窗口→裁剪并删除多余段→在"块编辑器"功能区选项卡的"块编辑器"面板中，单击"退出块编辑"功能图标"💾"→使用"剖面线"功能，完成局部视图的剖面线填充，如图7-32所示。

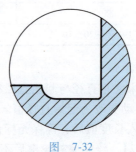

图 7-31   图 7-32

【步骤11】 在常用"绘图"面板中单击"圆心标记"功能图标"⊕"→单击局部放大视图中的 *R*1 圆角，为其添加圆心标记。

【步骤12】 删除重线，完成尺寸标注。

【步骤13】 按<F3>键，全屏显示→保存文档。

7.7 多 段 线

"多段线"工具可用直线或圆弧来连续绘制轮廓，且各段之间保持相切关系。

应用实例【7-7】

综合多段线应用实例如图 7-33 所示，绘图分析见表 7-6。

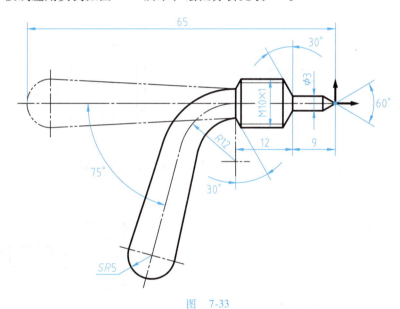

图 7-33

表 7-6 绘图分析

图形分析	该零件进行了折弯,折弯上半部分被拉伸,下半部分被压缩,绘图时可以认为中心线总长度不变,将绘图原点设定在零件右侧尖点处	
绘图模式	导航	
输入方式	绝对坐标输入、数值输入	

【步骤1】 在"常用"功能区选项卡的"绘图"面板中，选择"孔/轴"功能→在立即菜单中选择"轴、直接给出角度、中心线角度【0】"方式→输入原点坐标【0,0】后按回车键确认→在立即菜单输入起始直径【3】后按回车键确认→将光标移至原点左侧，输入长度【9】后按回车键确认→将起始直径更改为【10】后按回车键确认→输入长度【12】后按回车键确认，取消该功能，如图 7-34 所示。

【步骤2】 继续使用该功能，在立即菜单中选择"孔"方式，其他选项不变→将当前图层设定为"细实线层"→在 M10 轴段的左端线中点处单击→在立即菜单中输入起始直径

【10 * 0.85】后按回车键确认→在 M10 轴段右侧端线上单击，取消该功能，将当前图层改回"粗实线层"，如图 7-35 所示。

图　7-34　　　　　　　　　　　图　7-35

【步骤3】　使用"外倒角"功能，在立即菜单中选择"长度和角度方式、长度【2 * tan (30)】、角度【60】"，依次单击 *AB*、*BC*、*CD* 直线，如图 7-36 所示。

【步骤4】　用上一步方法处理其余倒角结构，并裁剪掉多余的螺纹部分，如图 7-37 所示。

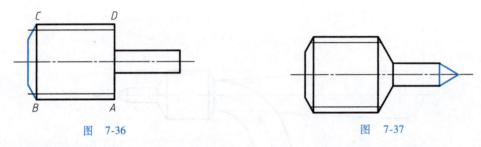

图　7-36　　　　　　　　　　　图　7-37

【步骤5】　使用"圆心_半径"功能，在【-60,0】坐标处绘制一个带中心线的 φ10 圆，如图 7-38 所示。

图　7-38

【步骤6】　使用"两点线"功能，绘制与 φ10 圆相切的两条直线，并裁剪掉多余的圆弧段→将圆弧及其切线的图层特性改为"细实线层"，颜色改为"洋红"，线型改为"双点画线"，如图 7-39 所示。

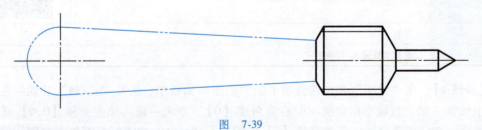

图　7-39

【步骤7】　将当前图层设定为"中心线层"，使用"起点_半径_起终角"功能，在立即菜单中输入"半径【12】、起始角【90】、终止角【180】（预估值）"后按回车键确认→输入坐标【-21,0】后按回车键确认，如图 7-40 所示。

【步骤8】　使用"角度线"功能，在立即菜单中选择"X 轴夹角、到点、度【75】"方式，

按图示方向绘制 $R12$ 圆弧切线，角度线长度任意→裁剪掉多余的圆弧部分，如图 7-40 所示。

【步骤 9】 使用"弧长标注"功能，标注 $R12$ 圆弧的弧长，单击 75°角度线下方的三角形夹点，输入【44−15.71】后按回车键确认，删除弧长标注，如图 7-40 所示。

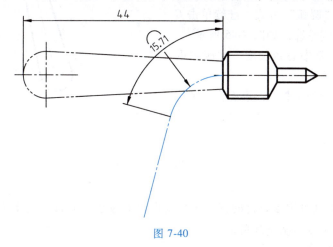

图 7-40

【步骤 10】 使用"平移复制"功能，复制一份左侧图形，放置在任意位置→将轮廓线改为粗实线，如图 7-41 所示。

【步骤 11】 在"菜单"的下拉菜单"修改"项中选择"对齐"功能，选中所有复制对象，"第一源点"选择复制圆弧的左侧象限点，"第一目标点"选择角度线下方端点，"第二源点"选择水平复制中心线的右端点，"第二目标点"选择角度线的右上方端点，如图 7-42 所示。

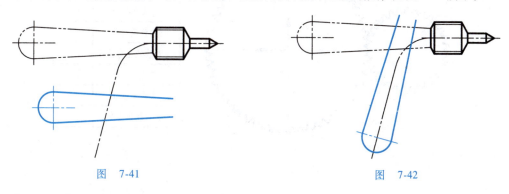

图 7-41   图 7-42

【步骤 12】 使用"切线/法线"功能，在立即菜单中选择"法线、对称、到点"方式，点选 75°角度线后，单击其右上端点，绘制一段法线，如图 7-43 所示。

【步骤 13】 使用"裁剪"功能，裁剪两切线的多余段，并删除法线，如图 7-44 所示。

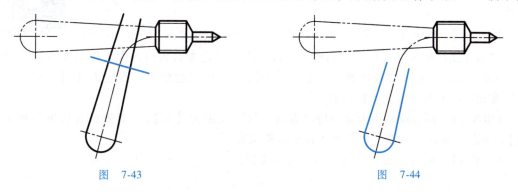

图 7-43   图 7-44

【步骤14】 使用"多段线"功能，在立即菜单中选择"直接绘图、直线、不封闭"方式，依次单击 E、F 点→在立即菜单中将"直线"方式改为"圆弧"方式，继续单击 G 点。同理绘制另一侧轮廓，如图 7-45 所示。

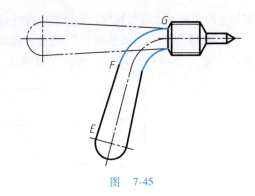

图 7-45

【步骤15】 调整中心线长度，并删除重线，完成尺寸的标注。

【步骤16】 按<F3>键，全屏显示→保存文档。

7.8 齿　　形

 "齿形"工具可用参数化的方式来绘制齿轮的齿形。通常情况下只需绘制几个齿的齿形，若有需要也可以绘制全部齿形。

应用实例【7-8】

齿形应用实例如图 7-46 所示。

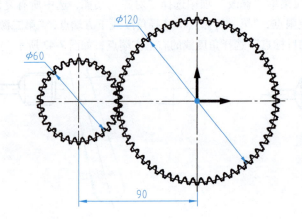

齿轮参数表	
小齿轮模数	2mm
小齿轮齿数	30
小齿轮压力角	20°
大齿轮模数	2mm
大齿轮齿数	60
大齿轮压力角	20°

图 7-46

【步骤1】 使用"圆心_半径"功能，分别在原点及小齿轮中心处绘制各自的分度圆，需将其图层特性改为中心线层，分度圆的直径为模数乘以齿数。

【步骤2】 在常用"绘图"面板中单击"齿形"功能图标""→在弹出的"渐开线齿轮齿形参数"对话框中，按照图中齿轮参数表输入大齿轮的参数值→单击"下一步"按钮→将"有效齿数"设定为【60】，"有效齿起始角"设定为【0】，单击"确定"按钮→将其放置在大齿轮位置。

【步骤3】 同理绘制小齿轮→将"有效齿数"设定为【30】，"有效齿起始角"设定为【6】，单击"确定"按钮→将其放置在小齿轮位置。

【步骤4】 按<F3>键，全屏显示→保存文档。

7.9 对 称 线

"对称线"工具可用多段线对称绘制轮廓。

应用实例【7-9】

对称线应用实例如图7-47所示，绘图分析见表7-7。

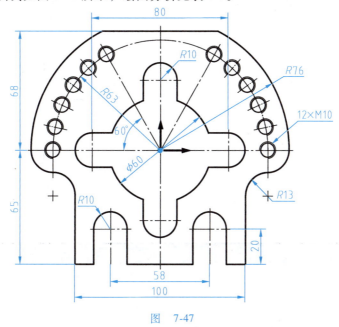

图 7-47

表 7-7 绘图分析

图形分析	该零件为左右对称结构,且外轮廓的圆弧与相邻段保持相切关系,用对称线绘制较为方便,将绘图原点设定在 R76 圆弧的圆心处
绘图模式	导航
输入方式	绝对坐标输入、相对坐标输入、数值输入

【步骤1】 使用"圆心_半径"功能，在原点绘制φ60圆，同时绘制中心线，如图7-48所示。

【步骤2】 使用"圆心_半径_起终角"功能，在立即菜单中设定"半径【10】、起始角【270】、终止角【90】"，输入坐标【40，0】，如图7-48所示。

【步骤3】 使用"两点线"补齐圆弧两端的直线段，如图7-49所示。

图 7-48

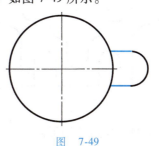

图 7-49

【步骤4】 使用"圆形阵列"方式，均布阵列【4】份，并裁剪掉φ60圆的多余部分，如图7-50所示。

【步骤5】 在常用"绘图"面板中单击"对称线"功能图标"╱╲"→在立即菜单中选择"选择轴线、直线、不封闭"方式→单击竖直中心线后，输入第一点坐标【0，-65】，向正右方移动光标，输入距离【19】，其余各段参照表7-8绘制，最后的R76圆弧可直接单击左侧R13圆弧的终点，如图7-51所示。

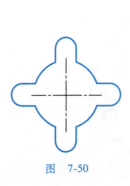

图 7-50

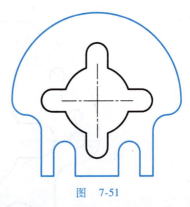

图 7-51

表7-8 图形中各图素的参数值

线型	光标方向	坐标/长度
直线	前一点正上方	20
R10 圆弧	前一点正右方	20
直线	前一点正下方	20
直线		50，-65
直线	前一点正上方	65-13-13
R13 圆弧		@13,13
R13 圆弧		@13,13

【步骤6】 使用"平行线"功能，将水平中心线向上等距【68】，如图7-52所示。

【步骤7】 使用"尖角"功能，处理圆弧与平行线的连接关系，如图7-52所示。

【步骤8】 在R13圆弧的圆心处绘制M10螺孔，并保留水平中心线，如图7-53所示。

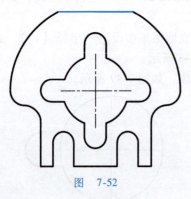

图 7-52

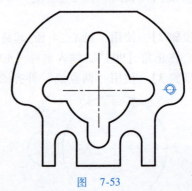

图 7-53

【步骤9】 使用"圆形阵列"方式，在立即菜单中设定"旋转、给定夹角、相邻交角

【12】、阵列填角【60】"，对螺孔进行阵列，如图 7-54 所示。

【步骤 10】　使用"镜像功能"，将螺孔镜像至左侧，如图 7-55 所示。

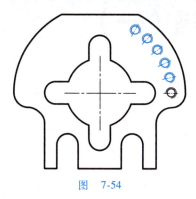 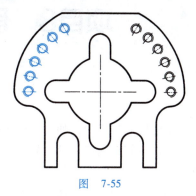

图　7-54　　　　　　　　　　　　　　　图　7-55

【步骤 11】　添加中心线，根据需要调整其长度，并删除重线，完成尺寸标注。

【步骤 12】　按<F3>键，全屏显示→保存文档。

7.10　点与箭头

"点"工具一般用来辅助作图，有"孤立点""等分点"和"等距点"三种方式，使用较为简单，通常显示得很小。为了方便作图，用户可在"工具"功能区选项卡的"选项"面板中单击"点样式"功能图标" "，在弹出的"点样式"对话框（见图 7-56）中设置点的显示方式及大小。

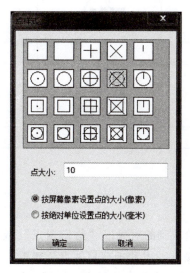

图　7-56

"箭头"工具可以为直线、圆弧或样条曲线添加箭头。拾取相应曲线后，单击需要添加箭头的端点，注意调整"正向"和"反向"选项，即完成箭头的添加。也可以直接绘制带箭头的直线。需要注意的是，为曲线添加箭头后，箭头的顶点有用来定位的"圆形夹点"，如果进行位置调整，会出现异常情况。

项目8 图形编辑（一）

在图形的绘制过程中，如果只使用绘图工具进行逐一绘制，往往导致速度慢、效率低。系统提供了许多修改编辑工具，如裁剪、阵列、缩放等，这些工具可以辅助用户高效地完成某些特定功能，使得绘图工作效率显著提高，掌握好这些编辑工具，对绘图工作大有裨益。由于修改编辑工具很多，因此将其分成两个项目来介绍。

在之前的项目学习中，很多编辑功能已经使用过，但未做详细讲解，本项目将以实例形式详细讲解以下 12 种图形编辑工具（见表 8-1），介绍其功能及使用方法，它们位于"常用"功能区选项卡的"修改"面板中。

表 8-1　图形编辑工具

图标				
名称	平移	裁剪	阵列	打断
图标				
名称	平移复制	延伸	镜像	缩放
图标				
名称	等距线	拉伸	旋转	分解

8.1 平　移

"平移"工具可以将拾取到的对象以"给定两点"或"给定偏移"方式进行平移。"给定两点"方式是将选取对象从一点移动到另一点位置上。有时绘制某一结构时，很难将其直接绘制到最终位置上，可以先在任意位置进行绘制，然后将其平移到最终位置上。

"给定偏移"方式是将被移动对象沿 X 轴或 Y 轴方向移动一个具体数值，无论在何种绘图模式下，系统会根据鼠标移动的方向及键盘输入的数值综合判断向哪个方向移动。比如绘制的某一结构位置产生了误差，则可使用该方式进行平移。

应用实例【8-1】

平移应用实例如图 8-1 所示。

【步骤 1】　如果使用"多段线"功能绘制图形中的键槽，则可以先在任意位置绘制，

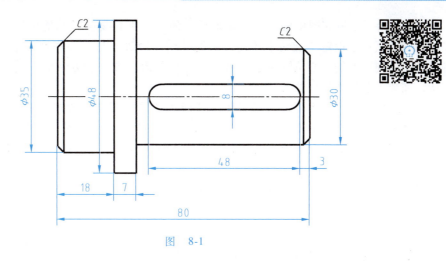

图　8-1

如图 8-2 所示。

【步骤2】　使用"平移"功能，选择"给定两点"方式→拾取对象后单击，将第一点设定在键槽右侧圆弧的中点 *A*→按<F4>键后单击图形右端中点 *B*，指定其为参考点→在导航模式下，水平向左移动光标→输入【3】后按回车键确认，完成键槽的平移。

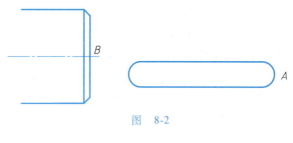

图　8-2

【步骤3】　假如需要将整个图形向下移动 10，可选用"给定偏移"方式→在选中整个图形后，光标将自动定位到图形的中心位置→移动光标至图形下方→输入【10】后按回车键确认，完成整个图形的平移。

8.2　平移复制

"平移复制"工具可以将拾取到的对象以"给定两点"或"给定偏移"方式进行复制移动，原有对象保持不变。

两种方式的含义与"平移"工具的相同。在平移复制时可以设定新对象的旋转角度、比例及份数等信息。

应用实例【8-2】

平移复制应用实例如图 8-3 所示。

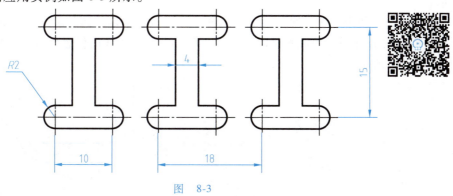

图　8-3

【方法1】 绘制完图中的一个工字形后，使用"平移复制"功能中的"给定偏移"方式，在立即菜单中设定"旋转角【0】、比例【1】、份数【2】"→在选中整个图形后，光标将自动定位到图形的中心位置→水平移动光标至图形右方或左方→输入【18】后按回车键确认，完成工字形的平移复制。

【方法2】 也可以使用"平移复制"功能中"给定两点"方式，立即菜单中的设定相同→在导航模式下，拾取工字形后单击指定图形中的某一点，水平移动光标至图形右方或左方→当出现水平导航线时，输入【18】后按回车键确认，同样可以完成平移复制。

8.3 等 距 线

"等距线"工具的"单个拾取"方式可对任何单一曲线进行等距，"链拾取"方式可对首尾相连的曲线组进行等距，可以选择"过点方式"或"指定距离"、"单向"或"双向"、"空心"或"实心"等方式。

"过点方式"用于已知其通过某点，但不易获知等距的距离值的情况，"指定距离"方式用于已知等距距离值的情况；"单向"方式是只向曲线的法线方向某一侧进行等距，"双向"方式是向曲线的法线两侧进行等距；"空心"方式只绘制等距曲线，"实心"方式是在等距范围内进行当前色填充。

应用实例【8-3】

等距线实例如图8-4所示。

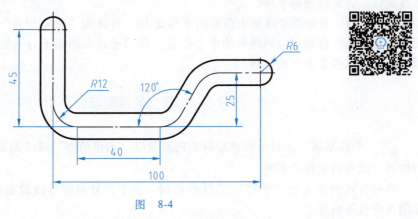

图 8-4

【步骤1】 如果按图逐一绘制轮廓会很烦琐，可以先绘制其中间的中心线，如图8-5所示。

【步骤2】 使用"等距线"功能，选择"连拾取、指定距离、双向、圆弧连接、空心、距离【6】、份数【1】、保留源对象"方式→单击中间中心线的任意位置，完成等距线的绘制，如图8-6所示。

图 8-5   图 8-6

8.4 裁　剪

"裁剪"工具可以裁剪掉与其他曲线有交叉点曲线的多余部分，有"快速裁剪""拾取边界"和"批量裁剪"三种方式。

"快速裁剪"是单击需要裁剪掉的部分，系统会自动判定交叉点位置，从而完成裁剪，若曲线只有端点与其他曲线相交时，则不能进行裁剪；"拾取边界"是对作为剪刀线的边界一侧的所选对象进行批量裁剪，剪刀线可以是一条曲线，也可以是首尾相连的曲线组，但需用鼠标逐一点选，被裁剪的对象可以点选，也可以框选；"批量裁剪"是对剪刀线一侧的被选取对象进行全部裁剪，无论其是否有交叉点，剪刀线是首尾相连的曲线组时，也不用逐一单击选取。

应用实例【8-4】

裁剪应用实例如图 8-7 所示。

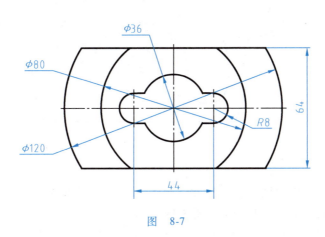

图　8-7

【步骤1】　如果按图使用"直线"和"圆弧"功能进行绘制会很烦琐，可以先使用"圆"和"矩形"工具绘制图 8-8 所示轮廓，绘图速度会大大提高。

【步骤2】　使用"多圆角"功能对中间腰型结构进行圆角过渡处理，如图 8-9 所示。

图　8-8

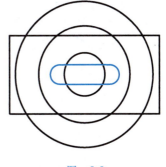

图　8-9

【步骤3】　使用"裁剪"功能中的"快速裁剪"方式，框选（反选）或点选需要裁剪掉的曲线部分，即可完成图形的绘制。

8.5 延　伸

　　╌╲ "延伸"工具用来对指定曲线进行延伸或裁剪，有"延伸"和"齐边"两种方式。

　　"延伸"方式需要选择参与延伸的所有对象。单击某曲线后，系统会按曲线的切线方向延伸曲线，直至与其他曲线相交，如果需要裁剪掉某些与其他曲线有交叉的曲线部分，可以按住键盘上的<Shift>键，同时单击需要裁剪掉的部分。

　　"齐边"方式是让其他曲线的端点与剪刀线重合，未重合的曲线被点选后将被延伸，有交叉的曲线被选中后，点选部分将被裁剪掉。

应用实例【8-5】

延伸应用实例如图 8-10 所示。

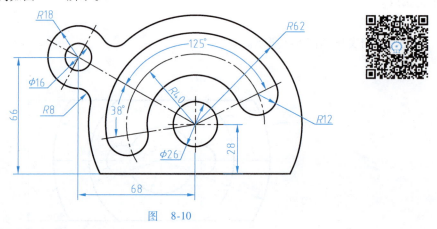

图　8-10

　　【步骤1】　假设使用"圆心_半径_起终角"功能绘制弧形槽，由于无法获知其起终角的准确值，只能进行估算，绘制结果如图 8-11 所示。

　　【步骤2】　使用"延伸"功能中的"齐边"方式→单击右侧中心线作为剪刀线→单击右侧圆弧的多余部分→在立即菜单中改用"延伸"方式→框选（反选）左侧中心线及两段需要延伸的圆弧（也可包含其他对象）→单击右键确认选择→单击需要延伸的圆弧左侧，完成圆弧的绘制，如图 8-12 所示。

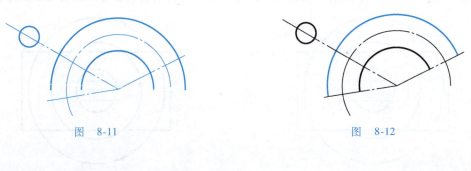

图　8-11　　　　　　　　　　　　　　　图　8-12

8.6 拉　伸

　　"拉伸"工具用来通过对曲线或曲线组拉伸，实现对图形的切变，有"窗口拾取"和"单个拾取"两种方式。

"窗口拾取"方式主要用来对曲线组进行选取，可以选择"给定两点"和"给定偏移"方式决定偏移变形的方式。

应用实例【8-6】

拉伸应用实例如图8-13所示。

【步骤1】 该图形如果用"直线"功能进行绘制难度系数不大，但如果用矩形绘制，再进行变形，那么将会更加简单。先绘制【62×45】和【47×15】的两个矩形，如图8-14所示，剪切掉右侧中间段后按图8-15标注尺寸。

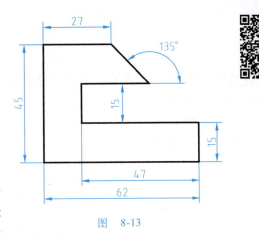

图 8-13

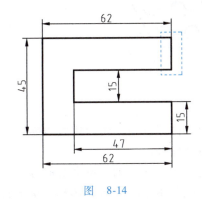

图 8-14

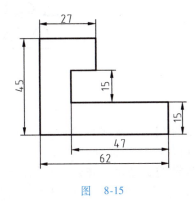

图 8-15

【步骤2】 使用"拉伸"功能中的"窗口拾取、给定两点"方式→在导航模式下框选（反选）虚线框部分（包括尺寸）后单击鼠标右键确认选择→单击右上角点后将光标向左水平移动，输入【62-27】后按回车键确认，如图8-16所示。

【步骤3】 再次使用"拉伸"功能中的"窗口拾取、给定两点"方式→框选（反选）虚线框部分后单击鼠标右键确认选择→单击A点后将光标向右水平移动，输入【15】后按回车键确认，如图8-17所示。

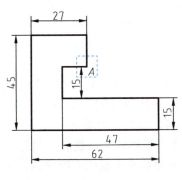

图 8-16

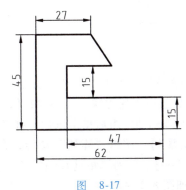

图 8-17

8.7 阵　列

"阵列"工具可以对拾取的对象进行特定方式的复制和排列，有"圆形阵列""矩形阵列"和"曲线阵列"三种阵列方式。

应用实例【8-7】

阵列应用实例如图8-18所示。

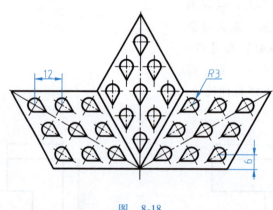

图　8-18

【步骤1】　先按图8-19所示绘制出需要阵列的单一图形（后续将使用曲线阵列及矩形阵列完成右侧1/3部分的制作，再使用圆形阵列完成最终图形）。

【步骤2】　使用"阵列"功能，在立即菜单中选择"曲线阵列、单个拾取母线、不旋转、份数【3】"方式→点选R3圆弧及其阵列曲线组后单击鼠标右键确认选择→单击斜线的下端点A作为基点，再点选斜线AB，完成曲线阵列，并删除AB斜线（也可使用矩形阵列方式完成，且不用绘制AB直线），如图8-20所示。

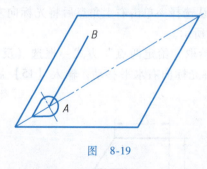

图　8-19

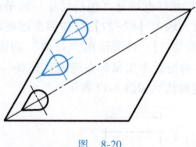

图　8-20

【步骤3】　使用"阵列"功能，在立即菜单中选择"矩形阵列、行数【1】、行间距【10】（数值可以任意输入）、列数【3】、列间距【12】、旋转角【0】"方式→选中所有R3圆弧及其阵列曲线组后单击鼠标右键确认，完成矩形阵列，如图8-21所示。

【步骤4】　使用"阵列"功能，在立即菜单中选择"圆形阵列、旋转、给定夹角、相邻夹角【60】、阵列填角【120】"方式→选中所有阵列对象后单击鼠标右键确认，完成圆形阵列，如图8-22所示。

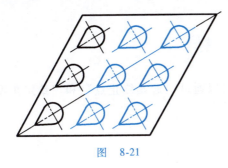
图　8-21

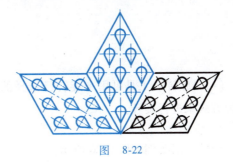
图　8-22

8.8　镜　像

△　"镜像"工具可用来复制或镜像被选择的对象，可以通过"给定两点"和"选择轴线"两种方式进行镜像。

应用实例【8-8】

镜像应用实例如图 8-23 所示。

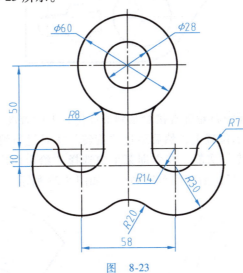

图　8-23

【步骤1】　先绘制图 8-24 所示形状。

【步骤2】　使用"镜像"功能，在立即菜单中选择"选择轴线、拷贝"方式→框选需要镜像的对象后单击鼠标右键确认选择→单击对称轴线完成镜像，如图 8-25 所示。

图　8-24

图　8-25

8.9　旋　转

"旋转"工具可用来旋转已选择的对象，可以通过"起始终止点"和"给定角度"两种方式来进行旋转。

应用实例【8-9】

旋转应用实例如图 8-26 所示。

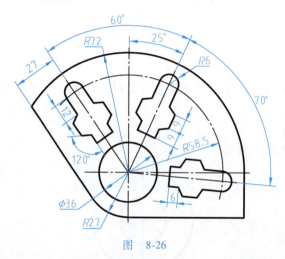

图　8-26

【步骤1】　将图中内部倾斜轮廓直接绘制到最终位置上的难度较高，绘图速度很慢，可以先将其绘制在图 8-27 所示位置上，然后通过"旋转"工具进行编辑。

【步骤2】　使用"旋转"功能，在立即菜单中选择"给定角度、旋转"方式→框选需要旋转的对象后，输入【-25】后按回车键确认，如图 8-28 所示。

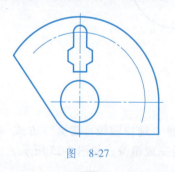

图　8-27　　　　　　　　　　　　　　　　　　　图　8-28

【步骤3】　再次使用"旋转"功能，在立即菜单中选择"给定角度、拷贝"方式→将内部倾斜轮廓沿逆时针方向旋转【60】度，沿顺时针方向旋转【-70】度。

8.10　打　断

"打断"工具可以通过"一点打断"和"两点打断"两种方式将曲线打断或剪切掉中间某一部分。"一点打断"方式是通过一点将曲线打断成两段曲线；"两点打断"方式是将曲线拾取两点之间的部分剪切掉，对于圆应按逆时针方向选取裁剪部分。可以"单独拾取两点"，也可以让拾取点成为一个打断点，即"伴随拾取点"。

应用实例【8-10】

打断应用实例如图 8-29 所示。

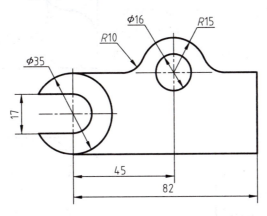

图　8-29

【步骤1】　为了快速绘图，可以先使用圆、矩形和直线绘制图形，然后进行打断编辑，如图 8-30 所示。

【步骤2】　使用"打断"功能中的"两点打断、单独拾取点"方式→拾取 $\phi35$ 圆后依次单击 A、B 两点→拾取矩形后依次单击 F、C 两点→拾取 $\phi17$ 圆后依次单击 E、D 两点→拾取 $\phi30$ 圆后依次单击 G、I 两点→在立即菜单中选择"一点打断"方式，拾取矩形后单击 H 点，然后使用"圆角"功能完成 $R10$ 圆角的处理，如图 8-31 所示。

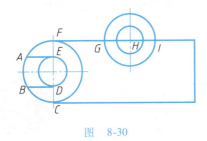

图　8-30

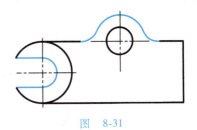

图　8-31

8.11　缩　　放

"缩放"工具可以对拾取对象进行缩放处理，有"平移"和"拷贝"两种方式，同时可以选择"比例因子"或"参考方式"决定缩放的计算方法。

"比例因子"方式可通过输入 X 和 Y 轴方向上的比例值，进行缩放变换，如果两个方向上的比例值相同，则可输入一个值，如果比例值不一样，则需先输入 X 轴方向上的比例值，再输入 Y 轴方向上的比例值，它们之间不用逗号【,】隔开。（提示：不能对圆及圆弧进行不同比例值的缩放。）

"参考方式"可通过调整某两点间的距离方式，对拾取对象进行等比例缩放。

应用实例【8-11】

缩放应用实例如图 8-32 所示。

【步骤1】 该图形没有高度尺寸，很难直接获得矩形的高度及圆的直径，可先用任意直径值绘制，如图8-33所示。

【步骤2】 使用"缩放"功能中的"平移、参考方式"→框选所有图形→在选中基准点后依次单击A、B两点→输入【90】，将A、B两点间的距离调整为90，按回车键确认，完成图形的缩放，如图8-34所示。

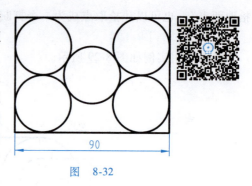

图 8-32

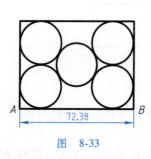

图 8-33

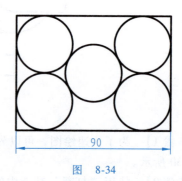

图 8-34

8.12 分　　解

 "分解"工具可以将组合曲线或块等对象分解为各自独立的可编辑对象。

应用实例【8-12】
分解应用实例如图8-35所示。

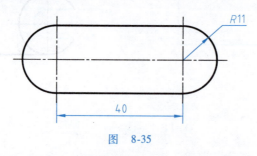

图 8-35

【步骤1】 该图形的中间部分可先使用矩形工具绘制，如图8-36所示。

【步骤2】 如图8-37所示，使用"分解"功能将矩形进行分解→删除矩形两侧的竖线→添加圆弧及中心线后，即可完成图形的绘制（矩形为组合曲线，不进行分解则不能单独删除矩形的任何边）。

图 8-36

图 8-37

项目9　图形编辑（二）

项目 8 中讲解了 12 种图形编辑工具，本项目将继续讲解另外 16 种图形编辑工具（见表 9-1），它们位于"常用"功能区选项卡的"修改"面板中。

表 9-1　图形编辑工具

图标				
名称	删除	圆角	外倒角	对齐
图标				
名称	删除重线	多圆角	内倒角	剖面线编辑
图标				
名称	删除所有	倒角	尖角	多段线编辑
图标				
名称	过渡	多倒角	合并	样条编辑

9.1　删　　除

"删除"工具可用来删除当前选中的对象。

【方法 1】　选择"删除"工具后，选中需要删除的对象，单击鼠标右键确认选择。

【方法 2】　选中需要删除的对象后，再选择"删除"工具。

【方法 3】　选中需要删除的对象后，按<Delete>键。

【方法 4】　选中需要删除的对象后，单击鼠标右键选择"删除"。

【方法 5】　选中需要删除的对象后，按<E+空格>组合键。

9.2　删 除 重 线

"删除重线"工具可用来在选中的曲线中，删除完全重叠且属性相同的曲线中较短或相等的曲线。删除重线可以去除无用的重复线条，减少文件的无用数据量，这是专业绘图人员应该培养的良好习惯，从事数控车编程的人员更应注意这一点。假如上下两条线重合，由于情况不同，有时不能删除重线，如图9-1所示。

完全重合，线型不同　　　不完全重合，线型相同　　　线型相同，颜色不同　　　完全重合，属性相同
　　不能删除　　　　　　　　　不能删除　　　　　　　　　不能删除　　　　　　　　　可以删除

图　9-1

【方法1】　选择"删除重线"工具后，拾取包含重线部分的对象组，单击鼠标右键确认选择，则完成重线的删除。

【方法2】　先拾取包含重线部分的对象组，再选择"删除重线"工具，系统会弹出删除重线的信息提示框，单击"确定"按钮完成操作。

【方法3】　按<Ctrl+A>组合键选中窗口中的所有可选对象，再选择"删除重线"工具，也可删除重线。

9.3　删 除 所 有

"删除所有"工具可用来在不进行自主选择的情况下，将所有已打开图层上的符合拾取过滤条件的对象全部删除。

【方法1】　按<Ctrl+A>组合键，选中所有可选对象，按<Delete>键。

【方法2】　选择"删除所有"工具，系统会弹出删除所有的信息提示框，单击"确定"按钮完成操作。如果用"工具"功能区选项卡上的"拾取设置"功能"🔻⊹"将某些对象设定为不能选择状态，则这些对象不能被删除。在当前窗口中处于不可见状态的对象也不能被删除。

9.4　过　　渡

"过渡"工具是表9-2中所列7种工具的总工具，与其他总工具用法一致，这些工具主要用来处理连接曲线之间的圆角、倒角等连接方式。

表9-2　"过渡"工具

图标			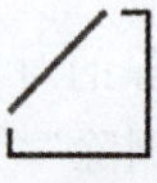				
名称	圆角	多圆角	倒角	多倒角	外倒角	内倒角	尖角

9.5　圆　　角

"圆角"工具可在两条曲线之间用指定半径的圆弧进行光滑过渡。

应用实例【9-1】

圆角应用实例如图9-2所示。

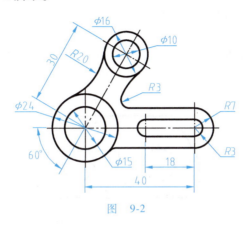

图　9-2

【步骤1】　图中 *R*3 圆弧可以使用"两点_半径"功能进行绘制，但速度较慢。此处假设图形已绘制如图9-3所示。

【步骤2】　使用"圆角"功能，在立即菜单中选择"裁剪"方式，并设定圆角半径→分别单击圆角两侧曲线的保留部分，完成圆角处理，如图9-4所示。

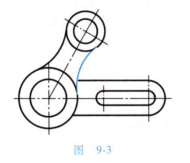

图　9-3

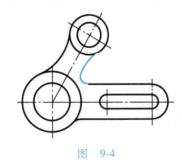

图　9-4

9.6　多　圆　角

"多圆角"工具可用来对以直线首尾相连的轮廓的全部尖角进行圆角过渡。如果相连轮廓中包含圆弧，则不会对圆弧与直线的相连部位进行圆角过渡。

应用实例【9-2】

多圆角应用实例如图9-5所示。

【步骤1】　使用"多边形"工具绘制等边三角形。

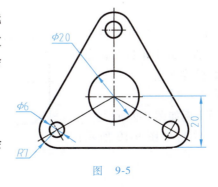

图　9-5

【步骤2】 使用"多圆角"功能，在立即菜单中设定圆角半径→单击三角形的任意一条边，完成多圆角处理。

9.7 倒 角

"倒角"工具可用来对直线相连部位进行倒角处理，选项中的倒角"长度""角度"均是第一条拾取直线的倒角长度和夹角角度。

应用实例【9-3】

倒角应用实例如图9-6所示。

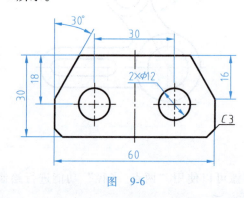

图 9-6

【步骤1】 使用"矩形"工具绘制如图9-7所示图形。

【步骤2】 使用"倒角"功能，在立即菜单中选择"长度和角度方式、裁剪、长度【3】、角度【45】"方式→分别单击矩形下方两个角部的组成边→在立即菜单中将长度改为【16】、角度改为【30】→分别单击矩形上方两个角部的竖边及水平线，完成倒角处理，如图9-8所示。

图 9-7

图 9-8

9.8 多 倒 角

"多倒角"工具可用来对以直线首尾相连轮廓的全部尖角进行倒角处理。相邻边最好保持垂直。

应用实例【9-4】

多倒角应用实例如图9-9所示。

【步骤1】 绘制如图9-10所示的图形。

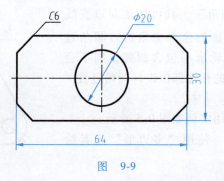

图 9-9

【步骤2】　使用"多倒角"功能，在立即菜单中设定"长度【6】、角度【45】"→单击矩形的任意一条边，完成多倒角处理，如图9-11所示。

图　9-10　　　　　　　　　　　　　　　图　9-11

9.9　外　倒　角

"外倒角"工具可用来处理圆柱轴端的倒角，三条直线需相互垂直。

应用实例【9-5】

外倒角应用实例如图9-12所示。

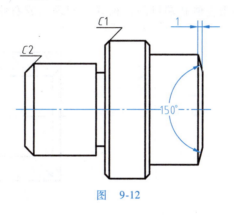

图　9-12

【步骤1】　使用"孔/轴"工具绘制如图9-13所示的图形。

【步骤2】　使用"外倒角"功能，在立即菜单中选择"长度和角度方式、长度【2】、角度【45】"方式→分别单击左侧轴端的三条直线，同理完成中部的 C1 倒角→将长度改为【1】、角度改为【75】→处理右侧轴端的三条直线，完成轴端的外倒角处理，如图9-14所示。

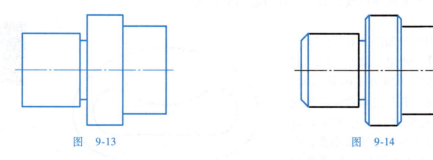

图　9-13　　　　　　　　　　　　　　　图　9-14

9.10　内　倒　角

"内倒角"工具可用来处理圆柱孔的孔口倒角，三条直线需相互垂直。

应用实例【9-6】

内倒角应用实例如图9-15所示。

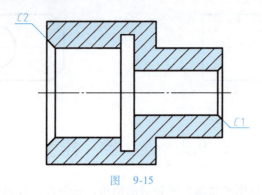

图 9-15

【步骤1】 使用"孔/轴"工具绘制如图9-16所示图形。

【步骤2】 使用"内倒角"功能，在立即菜单中选择"长度和角度方式、长度【2】、角度【45】"方式→分别单击左侧孔端口的三根线。同理完成右侧C1孔口倒角，如图9-17所示。

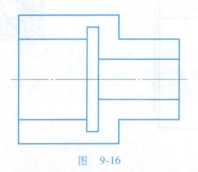

图 9-16

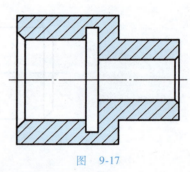

图 9-17

9.11 尖 角

□ "尖角"工具可用来使两曲线在其交点或延伸后的交点处形成尖角。圆弧按其轨迹方向延伸、椭圆和样条曲线将沿切线方向延伸至交点。

应用实例【9-7】

尖角应用实例如图9-18所示。

【步骤1】 使用"圆心_半径_起终角"工具绘制R20及R10圆弧时，在无法准确得知其起终角数值的情况下，通常输入预估值，绘制完轮廓后，多数情况下有些曲线未相交，有些曲线则留有多余部分，如图9-19所示。

【步骤2】 使用"尖角"工具，分别拾取相交或相切曲线的保留段，完成尖角处理，如图9-20所示。

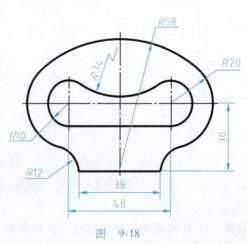

图 9-18

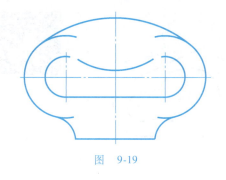

图 9-19

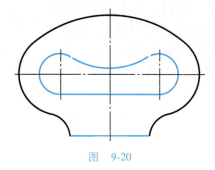

图 9-20

9.12 合 并

“合并”工具可用来将共线的两条或多条直线或圆弧合成为一条直线或圆弧。圆弧的合并按逆时针方向进行，合并后可以减少文件的数据量。

应用实例【9-8】

合并应用实例如图 9-21 所示。

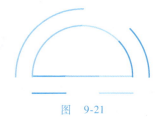

图 9-21

【步骤1】 如图 9-22 所示，绘制多段共线的直线和圆弧。

【步骤2】 使用“合并”工具，先选取右侧圆弧作为源对象，然后单击需要合并到源对象上的圆弧，不论圆弧是否相连→单击鼠标右键完成合并，如图 9-23 所示。

【步骤3】 同理使用“合并”工具，选取共线的任意直线，然后选取其他直线，完成共线直线的合并，如图 9-23 所示。

图 9-22

图 9-23

9.13 对 齐

“对齐”工具可用来将选定对象移动到第一目标点，并旋转至两目标点确定的方向上。

应用实例【9-9】

对齐应用实例如图 9-24 所示。

【步骤1】 图中右下角的内轮廓如果直接绘制到位，较为烦琐，可以先在任意位置水平绘制，然后使用"对齐"工具将其移动到最终位置上，如图9-25所示。

【步骤2】 使用"角等分线"工具绘制一条绘图辅助斜线，其长短任意，如图9-25所示。

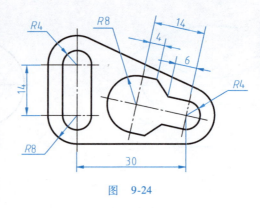

图 9-24

【步骤3】 使用"对齐"工具，在立即菜单中选择"不缩放"方式→选择水平绘制的内轮廓后单击鼠标右键确认→单击水平绘制内轮廓中 R4 圆弧的圆心作为第一源点→单击右侧 R8 圆弧的圆心点作为第一目标点→单击水平放置内轮廓中 R8 圆弧的圆心作为第二源点→单击角等分线左侧端点作为第二目标点，完成内轮廓的对齐处理，删除辅助斜线即可，如图9-26所示。

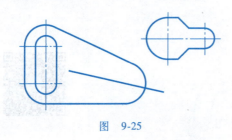

图 9-25

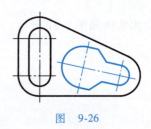

图 9-26

9.14　剖面线编辑

"剖面线编辑"工具可用来改变剖面线的"图案样式""比例""旋转角"和"间距错开值"等参数。也可以双击现有的剖面线，在弹出的"剖面图案"对话框中进行编辑。

应用实例【9-10】

剖面线编辑应用实例如图9-27所示。

【步骤1】 由于图中轮廓右倾，与剖面线倾斜方向基本一致，在读图时容易产生干扰，如果将剖面线的倾斜角度调整至另一侧，效果会更好，如图绘制并添加剖面线。

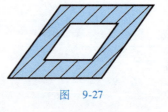

图 9-27

【步骤2】 使用"剖面线编辑"功能，单击现有剖面线，在弹出的对话框中，将"旋转角"改为【135】后单击"确定"按钮，完成剖面线编辑，如图9-28所示。

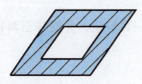
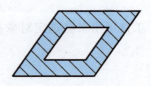

图 9-28

9.15　多段线编辑

"多段线编辑"工具可用来编辑多段线对象，可以进行"闭合或打开""合并""宽度""编辑顶点""转化为样条曲线"和"反转"等操作。

"闭合或打开"操作可使多段线最后段闭合或打开。

"合并"操作可将首尾相连的基本曲线对象合并成多段线。

"宽度"操作可设定多段线的统一宽度。

"编辑顶点"操作可给多段线中的直线段添加或删除顶点。

"转化为样条曲线"操作可将多段线转化成样条曲线。

"反转"操作可将相邻段起始宽度和终止宽度互换。

9.16　样　条　编　辑

"样条编辑"工具可用来编辑样条曲线对象，可以进行"闭合或打开""合并""拟合数据""编辑顶点""转化为多段线"和"反转"等操作。

"闭合或打开"操作可使样条曲线闭合或打开。

"合并"操作可在样条曲线的基础上合并其他曲线。

"拟合数据"操作可在样条曲线上的控制点前后添加或删除控制点，生成新的样条曲线。

"编辑顶点"操作可为样条曲线添加或删除顶点，也可以移动顶点的位置。

"转化为多段线"操作可按拟合精度将样条曲线转化成由圆弧组成的多段线。

"反转"操作可将相邻段起始宽度和终止宽度互换。

项目10　系统设置

　　系统的默认参数设置已经考虑了大部分用户的操作需求和操作习惯，对于初学者来说，采用系统默认设置就能满足常规的绘图需求。对于专业用户来说，也可根据实际绘图需要及使用习惯，对系统默认设置进行重新设定，从而提升对软件的专业应用水平及作图效率，优化工作环境。

　　常用系统设置（见表 10-1）包括选项、拾取过滤、捕捉和点样式的设置。

表 10-1　常用系统设置

图标	类型	说明
	选项设置	可以根据用户的工作需要及个人操作习惯，对系统常用参数进行设置
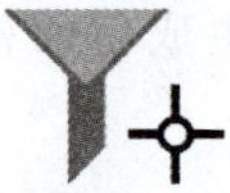	拾取过滤设置	可以通过选择要拾取对象的种类、尺寸和颜色等要素，实现对象的快速拾取，或避免对某些对象的误操作
	捕捉设置	可以选择智能、导航等捕捉方式或新建捕捉方式，方便绘图时进行点、线的准确捕捉
	点样式设置	可以设置屏幕上点的显示样式和大小

10.1　选　　项

　　"选项"工具中系统提供了诸多选项，可通过勾选某些选项或设置某些参数值的方式，满足用户的工作需求。可在"工具"功能区选项卡的"选项"面板中单击"选项"工具，打开"选项"对话框进行相关设置。设置项包括"路径""显示""系统""交互""文字""数据接口""智能点"以及"文件属性"。

10.1.1　路径

　　用户可以对软件相关文件的路径进行管理，使得设计和管理工作更加便捷。用户可对模板路径、默认文件存放路径和形文件路径等进行修改。比如专业用户可以设置默认的文件存放路径，方便文件的存储和管理，当需要经常与 DWG 文件交换信息时，则可指定自己常用的形文件路径，以保证字体的一致性，如图 10-1 所示。

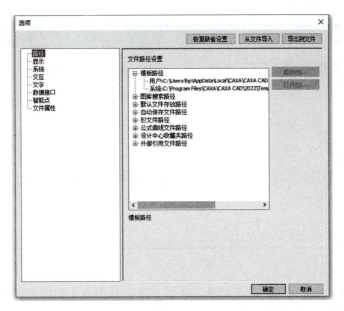

图 10-1

10.1.2 显示

"显示"项可进行颜色、光标颜色及大小、文字显示的最小单位、视图边框、显示操作、剖面线生成密度和淡入度控制等进行设置，其设置见表10-2。

表 10-2 显示设置

图示	说明
	用来设置坐标系、光标、模型及布局空间的背景颜色，以及拾取对象时的加亮颜色。对于长期使用软件的用户，颜色不宜设置得过亮，否则容易导致视觉疲劳
	用来设置十字光标的大小，拖动滑块可以调整光标的显示大小，勾选"大十字光标"时，光标将显示为无穷大，便于判断视图间的对应关系，多在建筑绘图时使用
	用来设置绘图区缩放后文字显示的最小单位，减少文字对视图观察的干扰
	用来设置由实体设计软件自动生成的视图是否显示其边框，对自行绘制的视图不起作用
	用来设置窗口的显示是否应用于撤销和恢复操作，通常情况下不进行勾选

（续）

图示	说明
剖面线生成密度 （填充线最大数目）　10000	用来设置剖面线生成的密度,从而控制大型图样的数据量
淡入度控制 ☑启用淡入度 外部参照显示 50　———▮——— 在位编辑 70　———▮———	用来控制某些对象的淡入度,减少其对当前绘图工作的干扰,帮助用户了解当前的工作状态,数值越大,对象的可见度越低

10.1.3　系统

"系统"项可对存盘间隔、缺省标准、文件并入、局部放大图字符样式和默认文件名称等进行设置,其设置见表10-3。

表 10-3　系统设置

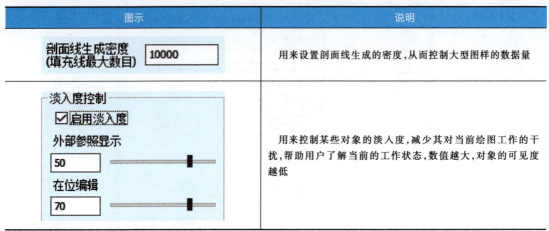

图示	说明
存盘间隔　10　分钟　缺省标准　GB 最大实数　100000000　缺省存储格式　电子图板2022	用来设置存盘间隔及缺省标准等,便于用户对数据文件的操作和保护
☑实体自动分层　　☑打开文件时更新视图 ☑生成备份文件　　☐启动时提示风格配置 ☐创建块时自动命名块 ☑新生成实体对象时设置消隐状态　　自动分层规则	"实体自动分层"用来设置当前操作对象是否被放到对应图层中,通常为勾选状态,否则标注的尺寸及添加的中心线都会与当前图层保持一致
文件并入设置 外部同名风格　　　外部同名块 ◉不并入　　　　　◉不并入 ○并入后改名　　　○并入后改名 ☑并入时保留度比例　☑粘贴时进行尺寸数据检查	用来设置并入外部文件时,对同名风格及块的处理方式。"外部同名风格"通常为"不并入","外部同名块"通常为"并入后改名"
OLE输出设置 ◉默认 ○选择集自动充满 ☐黑白色	用来设置该文件被插入到其他软件文档时的显示方式,选择"默认"将与窗口显示情况一致,选择"选择集自动充满"将显示绘图区中的所有对象
局部放大图字符样式 ◉英文字母 ○罗马数字	用来设置局部放大视图标签的字符样式,可在"英文字母"和"罗马数字"之间进行选择
默认文件名称　例如: <代号>-<名称>	用来设置保存文件时的默认名称,利用标题栏中的填写信息进行命名,方便用户管理文件

10.1.4　交互

"交互"项可对拾取框、夹点大小及延伸模式、命令风格和右键菜单等选项进行设置,其设置见表10-4。

表 10-4　交互设置

图示	说明
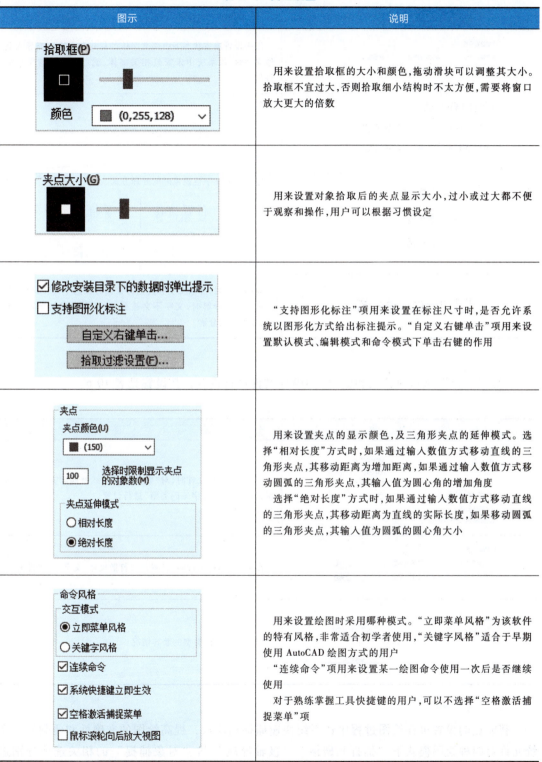	用来设置拾取框的大小和颜色,拖动滑块可以调整其大小。拾取框不宜过大,否则拾取细小结构时不太方便,需要将窗口放大更大的倍数
	用来设置对象拾取后的夹点显示大小,过小或过大都不便于观察和操作,用户可以根据习惯设定
	"支持图形化标注"项用来设置在标注尺寸时,是否允许系统以图形化方式给出标注提示。"自定义右键单击"项用来设置默认模式、编辑模式和命令模式下单击右键的作用
	用来设置夹点的显示颜色,及三角形夹点的延伸模式。选择"相对长度"方式时,如果通过输入数值方式移动直线的三角形夹点,其移动距离为增加距离,如果通过输入数值方式移动圆弧的三角形夹点,其输入值为圆心角的增加角度 选择"绝对长度"方式时,如果通过输入数值方式移动直线的三角形夹点,其移动距离为直线的实际长度,如果移动圆弧的三角形夹点,其输入值为圆弧的圆心角大小
	用来设置绘图时采用哪种模式。"立即菜单风格"为该软件的特有风格,非常适合初学者使用,"关键字风格"适合于早期使用 AutoCAD 绘图方式的用户 "连续命令"项用来设置某一绘图命令使用一次后是否继续使用 对于熟练掌握工具快捷键的用户,可以不选择"空格激活捕捉菜单"项

10.1.5　文字

"文字"项可对缺省文字及文字镜像方式等进行设置,其设置见表 10-5。

表 10-5　文字设置

图示	说明
文字缺省设置 中文缺省字体　英文缺省字体　缺省字高 宋体　宋体　3.5	用来设置缺省状态下中英文字体的样式和大小。当导入其他文件时，若系统中未安装相关字体，就可以用缺省字体来替代
老文件代码页设置 读入代码页　输出代码页 中文简体(936)　中文简体(936)	用来设置老文件代码页的读入和输出语言方式
文字镜像方式 ◉位置镜像 ○镜面镜像	用来设置文字被镜像时的处理方式 位置镜像｜位置镜像 镜面镜像｜镜面镜像
□只允许单选分解	勾选该项时，如果文字和其他对象同时被选中，使用分解命令进行对象分解时，文字不会被分解，文字只有被单独选中时，才可以被分解

10.1.6　数据接口

"数据接口"项可对读入和输出的 DWG 文件进行设置，其设置见表 10-6。

表 10-6　数据接口设置

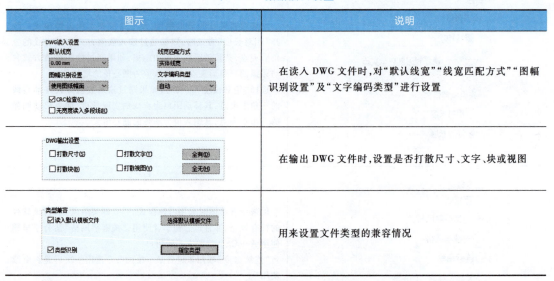

图示	说明
DWG读入设置 默认线宽　线宽匹配方式 0.00 mm　实体线宽 图幅识别设置　文字编码类型 使用图纸幅面　自动 ☑CRC检查(C) □无宽度读入多段线(B)	在读入 DWG 文件时，对"默认线宽""线宽匹配方式""图幅识别设置"及"文字编码类型"进行设置
DWG输出设置 □打散尺寸(S)　□打散文字(T)　全有(D) □打散块(B)　□打散视图(V)　全无(N)	在输出 DWG 文件时，设置是否打散尺寸、文字、块或视图
类型兼容 ☑读入默认模板文件　选择默认模板文件 ☑类型识别　指定类型	用来设置文件类型的兼容情况

10.1.7　智能点

智能点的设置可在绘图过程中让系统快速捕捉相应点，提高绘图的准确性和便利性。系统允许对四种绘图模式下"捕捉和栅格""极轴导航"与"对象捕捉"的相关选项分别进行设置。能够熟练进行智能点设置，将大大减少绘图时的辅助环节，提高绘图速度。用户可在这四种绘图模式之外新建适合自己的绘图模式，用来绘制特定的结构图形，其设置见表 10-7。

表 10-7 智能点设置

图示	说明
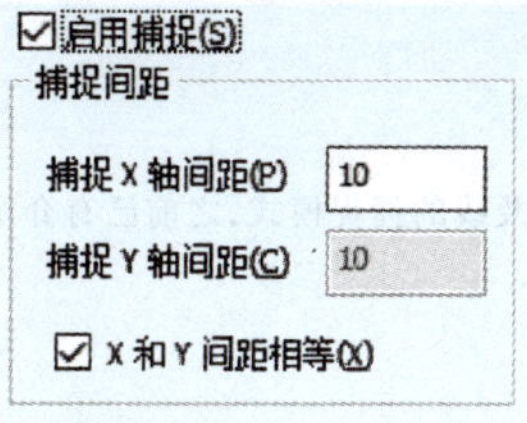	用来设置是否启用捕捉模式、捕捉在 X 和 Y 轴方向上的间距,即使没有显示网格,也能对间距点进行捕捉
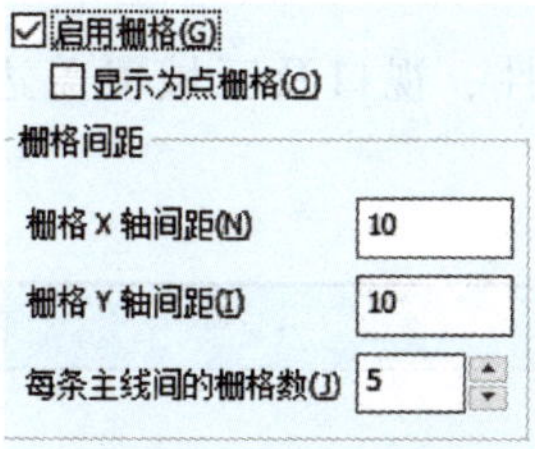	用来设置是否启用栅格、栅格在 X 和 Y 轴方向上的间距以及每条主线间的栅格数,不论是否启用捕捉模式,都能在窗口中显示栅格
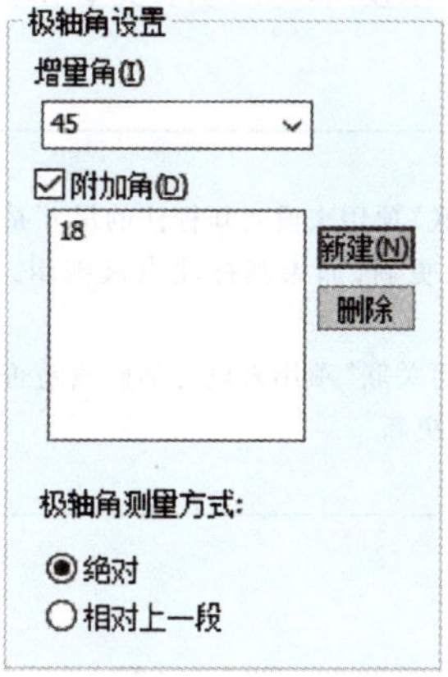	用来设置是否启用极轴导航模式,如果启用该导航模式,软件绘图时会在 360° 范围内按增量角进行递增导航。除此之外还可以按新建的附加角进行导航,大大提升了特定角度的图线绘制速度。极轴的测量方式可以是绝对方式,也可以是相对方式
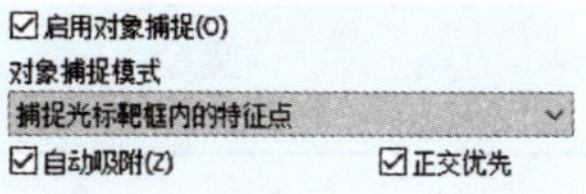	用来设置是否启用对象捕捉,启用后可以捕捉光标靶框内的特征点,或者捕捉最近的特征点。用户可以选择"自动吸附"及"正交优先"方式
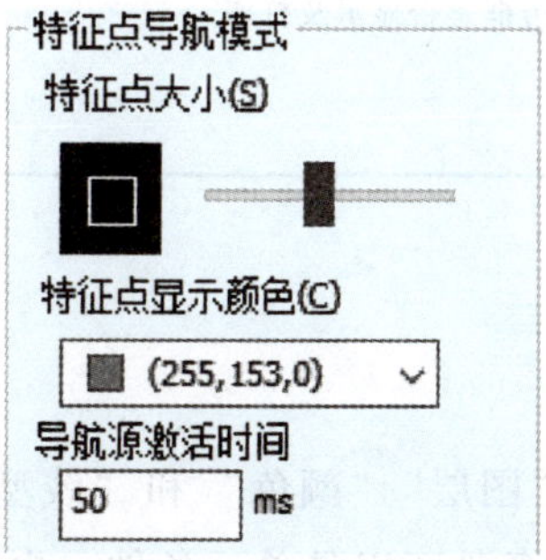	用来设置是否启用特征点导航模式,如果启用该导航模式,绘图时系统会随着光标的移动自动捕捉端点、中点等特征点。还可以设置导航源激活时间,激活时间单位为 ms

（续）

图示	说明
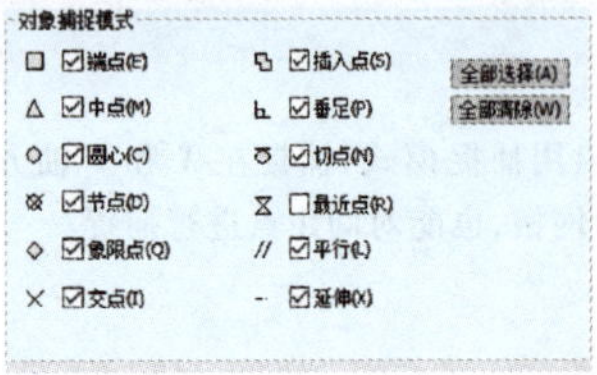	用来设置特征点及线的捕捉模式，之前已有介绍

10.1.8　文件属性

"文件属性"项可对图形的单位和精度、图形的关联性、视口及区域覆盖边框进行设置，其设置见表 10-8。

表 10-8　文件属性设置

图示	说明
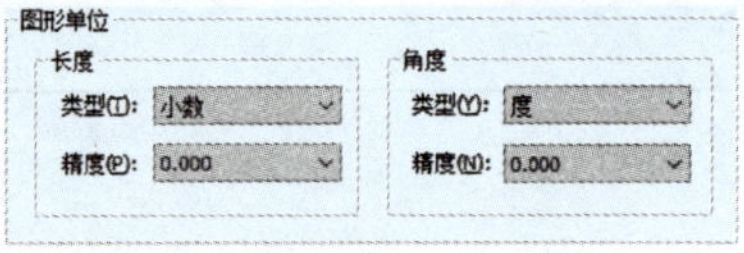	用来设置图形的"长度"和"角度"的"类型"和"精度"
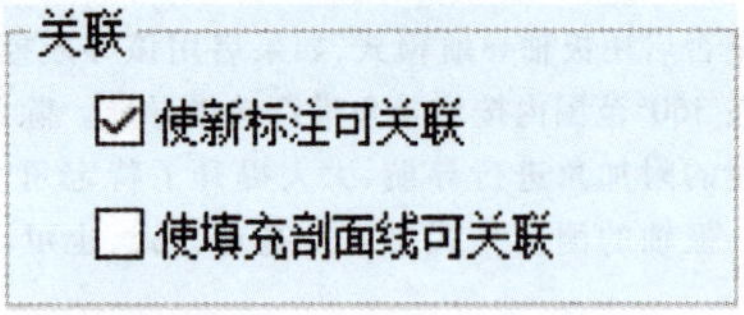	"使新标注可关联"项用来设置新标注的尺寸是否随着标注对象的变化而关联更新，如果其标注点被编辑，则不能关联更新 "使填充剖面线可关联"项用来设置剖面线是否随着其填充区域的变化而关联更新
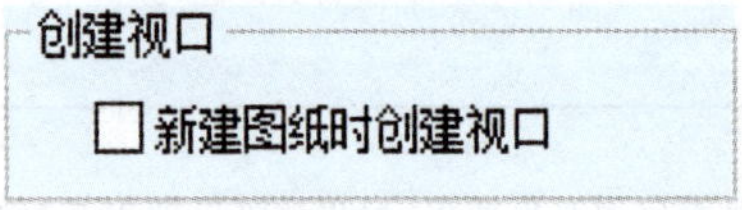	用来设置新建图纸时是否创建视口
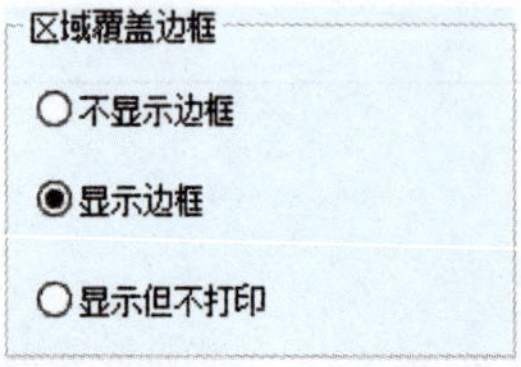	如果绘图窗口中的某个区域被"区域覆盖"工具覆盖，可以选择覆盖区域的边框是否显示及打印

10.2　拾取过滤设置

"拾取过滤设置"工具可通过"实体""尺寸""图层""颜色"和"线型"设置，实现某些对象的快速拾取，或避免某些误操作，拾取过滤条件可以是单一条件，也可以是组合条件，如图 10-2 所示。

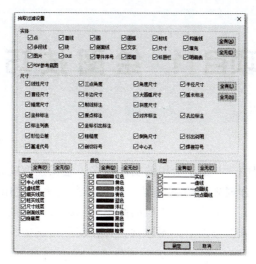

图 10-2

10.3 捕 捉 设 置

"捕捉设置"工具可设置对象捕捉方式，即智能点捕捉设置。具体方式应根据绘图特点进行设置。例如：绘制图形中涉及某角度值的图素较多时，则可在"极轴导航"中新建"附加角"，这样绘图时会在该角度方向上出现导航线，使得绘制某些角度时更加方便；绘制五角星时，可新建 36° 和 108° 的附加角。

10.4 点 样 式

"点样式"工具用来设置屏幕上点的显示样式及其大小，如图 10-3 所示。用"点"工具绘制的点在窗口中显示过小时，可使用"点样式"工具进行设置，方便用户明确点的所在位置。

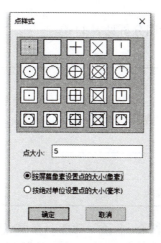

图 10-3

项目11 绘图技巧

机械零件的绘图过程中，并不是会用的功能越多，绘图速度就越快，而是应从图样的全局出发，抓住设计核心，合理规划绘图流程，针对图素入手，使用高效的"数控绘图"方式来控制图形位置及大小，尽量减少不必要的绘图辅助线及工具的切换次数，这样才能达到快速、准确绘图的目的，可参考以下绘图原则，并在实际情况中灵活运用。

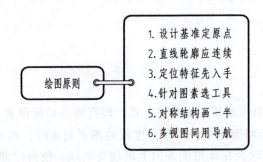

绘图原则
1. 设计基准定原点
2. 直线轮廓应连续
3. 定位特征先入手
4. 针对图素选工具
5. 对称结构画一半
6. 多视图间用导航

11.1 设计基准定原点

开始绘图前，首先观察分析图样，找到设计基准，使其作为绘图原点，与软件绘图区中的坐标原点对应，这样其他特征点的坐标就确定下来了。可通过输入坐标方式进行绘图，使绘图时的计算量大大减少，从而提高绘图速度。在绘制过程中，有时可以使用圆来替代圆弧，这样可以减少工具切换次数，提高绘图速度。

应用实例【11-1】
应用实例如图 11-1 所示，绘图分析见表 11-1。

表 11-1 绘图分析

图形分析	通过图中尺寸标注可知,2×φ20 圆心为设计基准,其他主要特征的位置尺寸都依据该点标出,所以将其设定为绘图原点	
绘图模式	导航	
输入方式	绝对坐标输入、数值输入	

【步骤 1】 使用绘制圆的"圆心_半径"功能→在原点处单击鼠标左键，分别输入直径【20】和【50】后按回车键确认。可参照表 11-2 继续使用该功能绘制其他圆及圆弧，如图 11-2 所示。

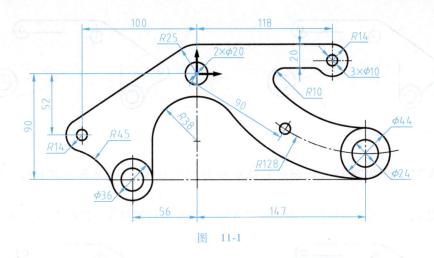

图 11-1

表 11-2 图形中各圆及圆弧的参数值

圆心坐标	直径值		圆心坐标	直径值	
0,0	20	50	−100,−52	10	28
118,25−14	10	28	−56,−90	20	36
147,−90+22	24	44			

【步骤2】 使用"两点线"功能,绘制图样中的直线,由于不知道 R38 圆弧左侧的直线的长度,可先绘制任意长度的竖线。同理,绘制距顶部水平线为 20 的水平线,虽然该线可以使用"平行线"功能进行绘制,但建议在绘图过程中尽量少切换绘图功能,以提升绘图速度。绘制结果如图 11-3 所示。

图 11-2   图 11-3

【步骤3】 使用"两点_半径"功能,绘制 R45 圆弧,如图 11-4 所示。

【步骤4】 使用"裁剪"功能,裁剪掉 R25、R14 圆弧的多余段,如图 11-5 所示。

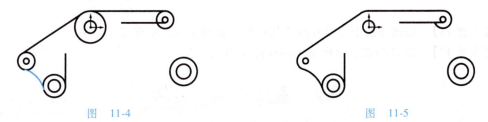

图 11-4   图 11-5

【步骤5】 使用"圆心_半径_起终角"功能,在立即菜单中输入"半径【128】、起始角【230】(为预估值)、终止角【270】"后按回车键确认→将光标先移至 φ44 圆的圆心处,然后向上移动光标,当出现竖直导航线时,输入【128】后按回车键确认,如图 11-6 所示。

【步骤6】 使用"等距线"功能,将 R128 圆弧向两侧等距 22,如图 11-7 所示。

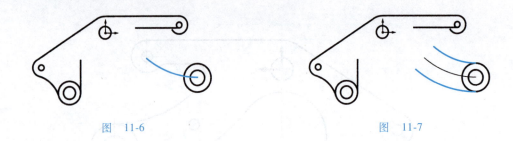

图　11-6　　　　　　　　　　　　　　　　图　11-7

【步骤 7】 将 $R128$ 圆弧的图层特性更改为"中心线层"，并调整其长度，如图 11-8 所示。

【步骤 8】 使用"圆角"功能，处理 $R38$ 与 $R10$ 的过渡圆角，如图 11-9 所示。

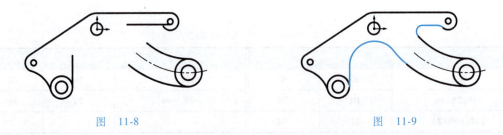

图　11-8　　　　　　　　　　　　　　　　图　11-9

【步骤 9】 使用"圆心_半径"功能，在原点处绘制半径为【90】的辅助圆，可以找到该圆与 $R128$ 圆弧的交点，在该交点处绘制 $\phi10$ 圆，如图 11-10 所示。

【步骤 10】 删除 $R90$ 的辅助圆，如图 11-11 所示。

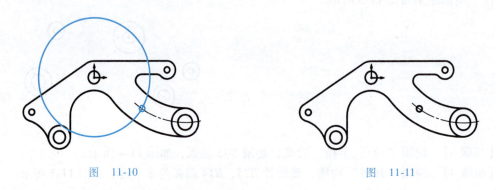

图　11-10　　　　　　　　　　　　　　　图　11-11

【步骤 11】 按图添加中心线并调整其长度，删除重线，完成尺寸标注。

【步骤 12】 按<F3>键，全屏显示→保存文档。

11.2　直线轮廓应连续

如果零件的轮廓多由直线组成，应尽量用直线连续绘制，连续不只是指连续绘制轮廓，也是指不切换当前工具。绘图时可先忽略一些细小结构，后续再进行处理。

应用实例【11-2】

应用实例如图 11-12 所示，绘图分析见表 11-3。

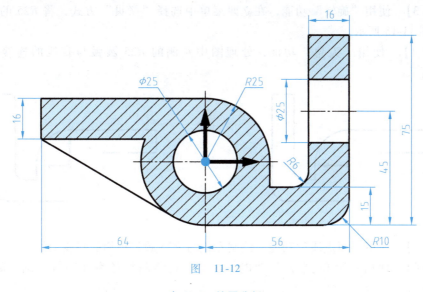

图 11-12

表 11-3 绘图分析

图形分析	该图形外轮廓多由直线组成,可先忽略其中的圆弧部分,以达到快速绘制外轮廓的目的,绘图原点设定在 $\phi25$ 圆的圆心处
绘图模式	导航
输入方式	绝对坐标输入、数值输入

【步骤1】 使用"两点线"功能,在立即菜单中选择"连续"方式→输入坐标【-25,25-16】(X 坐标值为预估值)后按回车键确认→再输入坐标【-64,25-16】后按回车键确认→将光标向正上方移动后,输入长度【16】后按回车键确认。可参照表 11-4 参数,绘制其外轮廓,如图 11-13 所示。

表 11-4 图形中各图素的参数值

光标移动方向	长度值	光标移动方向	长度值
前一点正上方	16	前一点正上方	75-15
前一点正右方	64+25	前一点正右方	16
前一点正下方	50-15	前一点正下方	75
前一点正右方	56-25-16	前一点正左方	56

【步骤2】 使用"圆角"功能,分别处理 R25、R6 和 R10 的圆角,如图 11-14 所示。

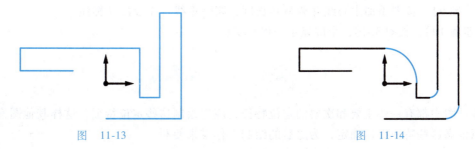

图 11-13　　　　　　　　　　　　　　图 11-14

123

【步骤3】 使用"旋转"功能，在立即菜单中选择"拷贝"方式，将 *R*25 的圆弧旋转180°，如图 11-15 所示。

【步骤4】 使用"尖角"功能，处理图中左侧的 *R*25 圆弧与直线的连接关系，如图 11-16 所示。

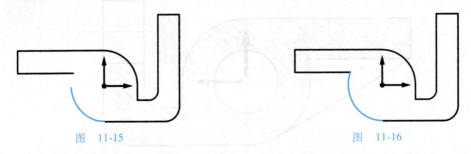

图 11-15   图 11-16

【步骤5】 使用"两点线"功能，绘制左侧与 *R*25 圆弧相切的斜线，如图 11-17 所示。

【步骤6】 使用"圆心_半径"功能，在原点处绘制直径为【25】的圆，如图 11-18 所示。

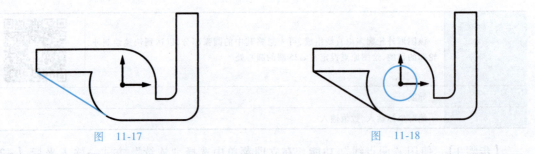

图 11-17   图 11-18

【步骤7】 使用"矩形"功能，在立即菜单中设定"顶边中心、角度【-90】、长度【25】、宽度【16】"后按回车键确认→输入坐标【56，45-25】后按回车键确认，如图 11-19 所示。

【步骤8】 使用"剖面线"功能，在立即菜单中选择"拾取点、非独立"方式，在剖面线区域内单击，同时在 ϕ25 圆内单击，去除圆内部分，单击鼠标右键确认，如图 11-20 所示。

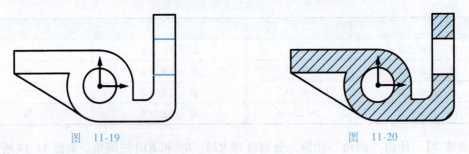

图 11-19   图 11-20

【步骤9】 按图添加中心线并调整其长度，删除重线，完成尺寸标注。

【步骤10】 按<F3>键，全屏显示→保存文档。

11.3　定位特征先入手

零件图中都有一些主要和次要的定位特征，应先绘制这些定位特征，这样其他图素的位置可以依靠这些特征得以确定，为之后的绘制工作带来便利。

应用实例【11-3】

应用实例如图 11-21 所示，绘图分析见表 11-5。

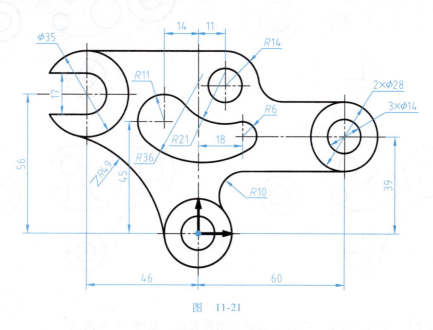

图　11-21

表 11-5　绘图分析

图形分析	该图形多由圆和圆弧组成，设计基准为图示坐标原点处，其定位特征的位置尺寸大多依据该点标出	
绘图模式	导航	
输入方式	绝对坐标输入、数值输入	

【步骤1】　使用"圆心_半径"功能，在原点处绘制直径为【14】和【28】的两个同心圆。可参照表 11-6 中的参数，绘制其余圆及圆弧，如图 11-22 所示。

表 11-6　图形中各圆及圆弧的参数值

圆心坐标	直径值		圆心坐标	直径值
0,0	14	28	11,56+17.5-14	14
-46,56	17	35	-14,45	22
60,39	14	28	18,39	12

【步骤2】　使用绘制圆弧中的"两点_半径"功能，分别绘制 R49、R36 和 R21 的圆弧，注意它们之间的相切关系，如图 11-23 所示。

【步骤3】　使用"圆心_半径_起终角"功能，在立即菜单中设定"半径【14】、起始角【0】、终止角【90】"，将光标移至 φ14 圆心处单击，如图 11-24 所示。

【步骤4】　使用"两点线"功能，绘制该图中的直线段，不明确其长度值时，绘制任意长度直线段即可，等待后续根据情况再做进一步处理，但绘制方向必须与图中一致，如图 11-25 所示。

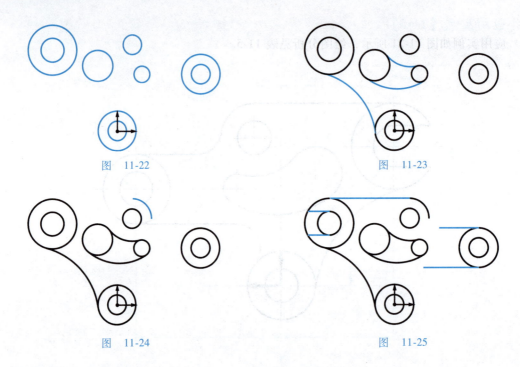

图 11-22   图 11-23

图 11-24   图 11-25

【步骤5】 使用"裁剪"功能，裁剪多余圆弧段，如图11-26所示。
【步骤6】 使用"圆角"功能，处理R10过渡圆角，如图11-27所示。

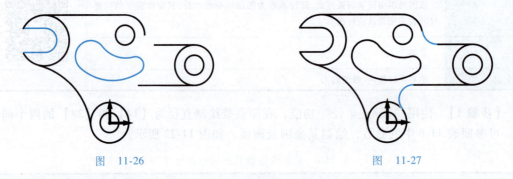

图 11-26   图 11-27

【步骤7】 按图添加中心线并调整其长度，删除重线，完成尺寸标注。
【步骤8】 按<F3>键，全屏显示→保存文档。

11.4 针对图素选工具

在分析图样，看到图中的组成单元为何种图素时，就应尽可能用对应的工具进行绘制，尽量减少辅助线的绘制及剪裁等操作，便于绘图过程中的观察与判断。如果绘制过多的辅助线或使用偏移后进行裁剪的方法，出错率会明显升高，使得判断速度降低，不利于绘图工作的高效展开。如图中的主要圆弧，应尽量使用相应的圆弧功能进行绘制，减少用圆替代圆弧的画法。当然，绘图原则应灵活运用，不可生搬硬套。

应用实例【11-4】

应用实例如图11-28所示，绘图分析见表11-7。

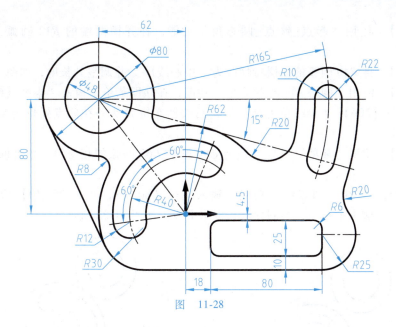

图 11-28

表 11-7 绘图分析

图形分析	图形外轮廓多由圆弧组成,且两弧形槽都有角度标注,所以应尽量使用对应的圆弧功能绘制,坐标原点设定在 R40 圆弧的圆心处	
绘图模式	导航	
输入方式	绝对坐标输入、数值输入	

【步骤1】 将当前图层设定为"中心线层",使用"两点线"功能→在原点处单击,输入坐标【-62,80】后按回车键确认,如图 11-29 所示。

【步骤2】 使用"角度线"功能,在立即菜单中选择"直线夹角"方式,分别在其左右绘制两条与直线夹角为【60】度,且长度为【55】的角度线,如图 11-29 所示。

【步骤3】 将当前图层改为"粗实线层",使用"圆心_半径"功能,绘制直径为【48】和【80】的两个同心圆,如图 11-29 所示。

【步骤4】 使用"圆心_起点_圆心角"功能→在原点处单击鼠标左键→将光标移至右侧中心线端点处(不单击),输入半径【40】后按回车键确认→将光标移至左侧中心线端点处单击,如图 11-29 所示。

【步骤5】 使用"等距线"功能,在立即菜单中选择"单个拾取、双向、距离【12】"方式,在 R40 圆弧两侧等距出两条圆弧,如图 11-30 所示。

图 11-29

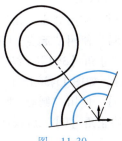

图 11-30

【步骤6】 使用"起点_终点_圆心角"功能，补齐槽两端的 *R*12 圆弧，如图 11-31 所示。

【步骤7】 将 *R*40 圆弧的图层特性改为"中心线层"并调整其长度，如图 11-31 所示。

【步骤8】 使用"圆心_半径_起终角"功能，在立即菜单中输入"半径【62】、起始角【50】、终止角【200】"（起终角为预估值）后按回车键确认→在原点处单击鼠标左键，如图 11-31 所示。

【步骤9】 使用"裁剪"功能，裁剪 φ80 圆与 *R*62 圆弧的相交段，使其断开即可，如图 11-31 所示。

【步骤10】 使用"两点线"功能→输入坐标【80+18，-4.5-25-10】后按回车键确认→将光标向左侧水平移动，绘制任意长度水平线，如图 11-32 所示。

图 11-31

图 11-32

【步骤11】 使用"圆角"功能，处理两个 *R*8 及 *R*30 的圆角，如图 11-33 所示。

【步骤12】 使用"两点线"功能，绘制与 φ80 圆及 *R*30 圆弧相切的直线，如图 11-34 所示。

图 11-33

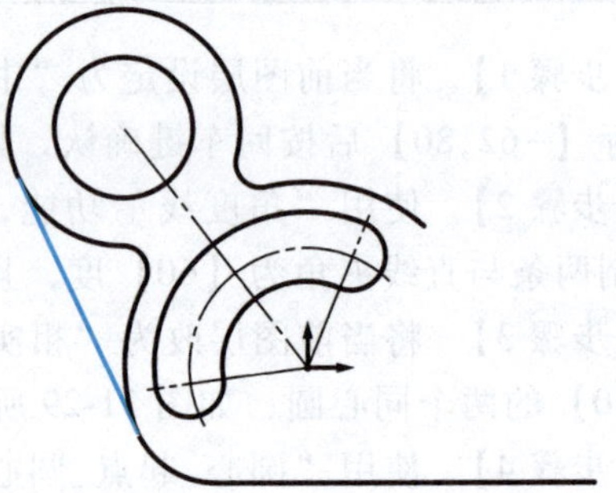

图 11-34

【步骤13】 使用"矩形"功能，在立即菜单中选择"长度和宽度、左上角点定位、角度【0】、长度【80】、宽度【25】、无中心线"方式→输入坐标【18，-4.5】后按回车键确认，如图 11-35 所示。

【步骤14】 使用"多圆角"功能，处理矩形的 *R*6 圆角，如图 11-35 所示。

【步骤15】 使用"起点_半径_起终角"功能，在立即菜单中输入"半径【25】、起始角【270】、终止角【30】"（终止角为预估值）后按回车键确认→在底部水平线的右端点处单击鼠标左键，如图 11-36 所示。

【步骤16】 使用"圆心_半径_起终角"功能，在立即菜单中输入"半径【165】、起始角【345】、终止角【0】"后按回车键确认→在 φ48 圆的圆心处单击鼠标左键，如图 11-37 所示。

【步骤17】 使用"等距线"功能，在 R165 圆弧的两侧等距出两条圆弧，如图 11-38 所示。

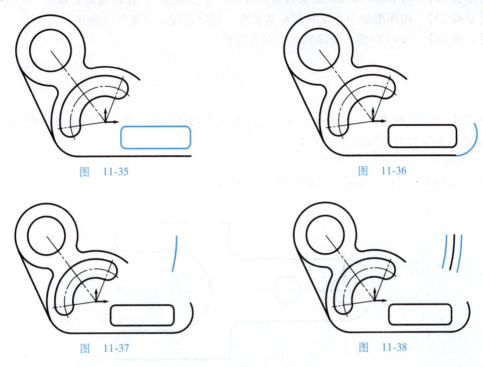

图 11-35　　　　　　　　　　　　　图 11-36

图 11-37　　　　　　　　　　　　　图 11-38

【步骤18】 使用"起点_终点_圆心角"功能，补齐弧形槽两端的两个 R10 圆弧，如图 11-39 所示。

【步骤19】 使用"等距线"功能，在立即菜单中选择"链拾取、单向、距离【12】、份数【1】"方式→向外等距弧形槽，如图 11-40 所示。

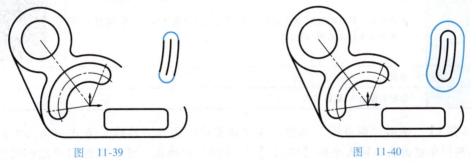

图 11-39　　　　　　　　　　　　　图 11-40

【步骤20】 删除弧形槽下端圆弧，如图 11-41 所示。

【步骤21】 使用"圆角"功能，处理两个 R20 的过渡圆角，如图 11-42 所示。

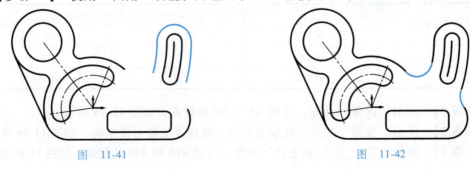

图 11-41　　　　　　　　　　　　　图 11-42

【步骤22】 将 R165 圆弧的图层特性更改为"中心线层",并调整其长度。

【步骤23】 按图添加中心线并调整其长度,删除重线,完成尺寸标注。

【步骤24】 按<F3>键,全屏显示→保存文档。

11.5 对称结构画一半

对称结构在机械零件中很常见,通常先绘制其对称结构的一半,然后通过镜像绘制另一半,最后绘制穿过对称轴的其他图线。

应用实例【11-5】

应用实例如图 11-43 所示,绘图分析见表 11-8。

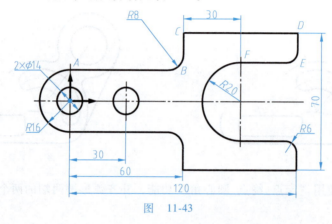

图 11-43

表 11-8 绘图分析

图形分析	该图形为上下对称结构,可先绘制一半,然后通过镜像绘制另一半,零件的设计基准为 R16 圆弧的圆心处,将其设定为绘图原点	
绘图模式	导航	
输入方式	绝对坐标输入、数值输入	

【步骤1】 使用"两点线"功能,在立即菜单中选择"连续"方式→输入坐标【0,16】后按回车键确认→输入坐标【60,16】后按回车键确认。可参照表 11-9 绘制其他直线段,先忽略图中的过渡圆角,如图 11-44 所示。

表 11-9 图形中各点的参数值

绘图点	坐标	绘图点	坐标
A	0,16	D	120,70/2
B	60,16	E	120,20
C	60,70/2	F	60+30,20

【步骤2】 使用"圆角"功能,处理 R8 与 R6 的圆弧,如图 11-45 所示。

【步骤3】 使用"镜像"功能,在竖直方向上镜像并复制对称结构,如图 11-46 所示。

【步骤4】 使用"起点_终点_圆心角"功能,绘制 R16 和 R20 的圆弧,如图 11-47 所示。

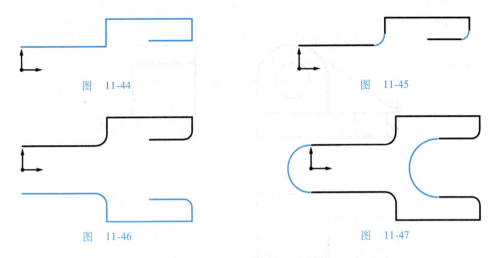

图 11-44   图 11-45

图 11-46   图 11-47

【步骤 5】 使用"圆心_半径"功能，绘制两个 φ14 的圆，如图 11-48 所示。

【步骤 6】 按图添加中心线并调整其长度，如图 11-49 所示。删除重线，完成尺寸标注。

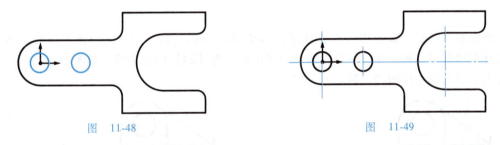

图 11-48   图 11-49

【步骤 7】 按<F3>键，全屏显示→保存文档。

11.6 多视图间用导航

俯视图与左视图之间的对应关系需要使用 45°导航线。导航线显示与制作的功能键为<F7>，按下<F7>键后即可绘制 45°导航线，再次按下<F7>键则关闭导航线的显示。

应用实例【11-6】

应用实例如图 11-50 所示，绘图分析见表 11-10。

表 11-10 绘图分析

图形分析	本例为三视图配置方式，多个视图共用一个坐标系比较困难，各视图间可人为设定一个视图间距值，则可看成一个视图来绘制，本例中将使用导航线的方法，将绘图原点设定在主视图的左下角点	
绘图模式	导航	
输入方式	绝对坐标输入、数值输入	

【步骤 1】 假设主视图和俯视图已经绘制完成，只需要使用导航线引导来绘制左视图。

【步骤 2】 按<F7>键，在适当位置绘制导航线，如图 11-51 所示。

【步骤 3】 在导航模式下，使用"两点线"功能→将光标移至 A 点后，经过导航线移

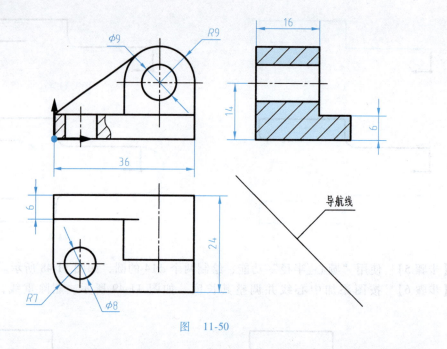

图　11-50

至左视图相应位置，即可出现对齐导航线→单击后绘制出第一点。同理将光标移至 *B* 点，再经导航线移至左视图相应位置，即可绘制出长度为【24】的水平线，如图 11-52 所示。依照导航关系完成左视图的绘制。

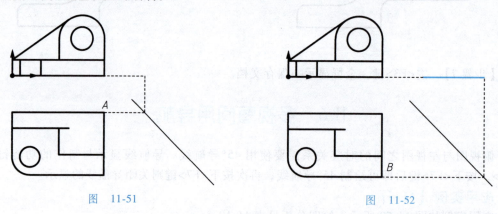

图　11-51　　　　　　　　　　　　　　　　图　11-52

项目12　属性查询

在绘图过程中，经常需要了解某些对象的相关信息，比如端点坐标、圆弧半径、区域面积等，便于处理相关问题。本项目将讲解 9 种属性查询工具，具体见表 12-1，它们位于"工具"功能区选项卡的"查询"面板中。

表 12-1　属性查询工具

图标			
名称	元素属性	角度	重心
图标			
名称	两点距离	周长	重量
图标			
名称	坐标点	面积	惯性矩

12.1　元素属性查询

"元素属性"查询工具可用于查询某个或多个对象的所有属性，便于用户了解相关信息。所有对象都有共有属性，也有自身的特有属性，见表 12-2。

表 12-2　元素属性

对象	共有属性	特有属性
点		点的坐标
直线		起点、终点、增量、长度
圆弧	图层	圆心、半径、起点、终点、弧长等
圆	线型	圆心、半径、直径、周长、面积
椭圆、椭圆弧	线型比例 线宽	中心点、长半轴、短半轴等
文字	颜色	文字高度、间距、显示风格等
尺寸		标注类型、标注字串及其数值等
多段线		顶点坐标、起始宽度、终止宽度等

应用实例【12-1】

元素属性查询应用实例如图 12-1 所示。

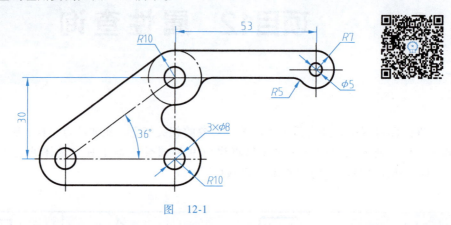

图 12-1

【步骤】 使用"元素属性"查询功能，拾取某一查询对象或多个对象，然后单击鼠标右键确认选择，在弹出的信息框中即可得到其相关信息。

12.2 两点距离查询

"两点距离"查询工具用于查询任意两点之间的距离，也可查询两点的坐标值及它们在 X、Y 轴方向上的差值。

应用实例【12-2】

两点距离查询应用实例如图 12-2 所示。

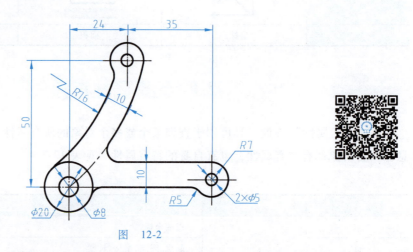

图 12-2

【步骤】 使用"两点距离"查询功能，单击图中不同两点，在弹出的"查询结果"信息框中即可得到其相关信息。

12.3 坐标点查询

"坐标点"查询工具可用于查询各种特征点的坐标，并可同时查询多个点的坐标。

应用实例【12-3】

坐标点查询应用实例如图12-3所示。

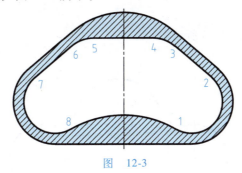

图　12-3

【步骤】　使用"坐标点"查询功能，单击图中某点或连续单击多个不同的点，然后单击鼠标右键确认选择，在弹出的"查询结果"信息框中即可得到点的坐标信息。

12.4　角度查询

"角度"查询工具可用于查询两条直线的夹角、圆弧的圆心角及三点夹角。

应用实例【12-4】

"角度"查询应用实例如图12-4所示。

【步骤1】　在立即菜单中选择"两线夹角"方式，单击图中任意两条直线，在弹出的"查询结果"信息框中即可得到两条直线所夹锐角的信息。

【步骤2】　使用"角度"查询功能，在立即菜单中选择"圆心角"方式，单击图中任意圆弧，在弹出的"查询结果"信息框中即可得到圆心角的信息。

【步骤3】　在立即菜单中选择"三点夹角"方式，先单击夹角的顶点，再单击其余两点，在弹出的"查询结果"信息框中即可得到三点夹角的信息。

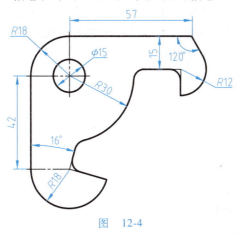

图　12-4

12.5　周长查询

"周长"查询工具可用于查询单一或多条曲线的总长，如果曲线是首尾相连的，则可以采用"链拾取"方式，否则应采用"框选拾取"方式，当然也可以点选。如果在某点有分支或重线，也将被统计在内，不论其是否可见。

应用实例【12-5】

周长查询应用实例如图12-5所示。

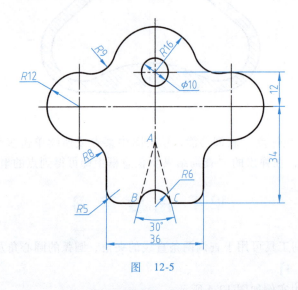

图 12-5

【步骤1】 在"常用"功能区选项卡的"特性"面板的"图层"下拉菜单中选择"图层隔离"功能"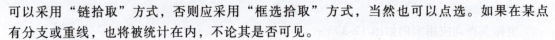"→单击需要查询的相应图层中的任意一条曲线，比如"粗实线层"中的曲线，则只显示该图层对象。

【步骤2】 假如需要查询外轮廓的周长，使用"周长"查询功能，在立即菜单中选择"框选拾取"方式→框选所有曲线→按住<Shift>键的同时单击 ϕ10 的圆，去除掉非外轮廓曲线→单击鼠标右键确认选择→在弹出的"查询结果"信息框中即可得到相关信息。

【步骤3】 如果采用"链拾取"方式，单击任意一条外轮廓曲线后单击鼠标右键确认选择→在弹出的"查询结果"信息框中即可得到相关信息（须注意，由于直线 AB 和 AC 为外轮廓的分支，所以也被统计在其中）。

12.6　面积查询

"面积"查询工具可用于查询一个或多个封闭区域中指定区域的面积。

应用实例【12-6】

面积查询应用实例如图12-6所示。

【步骤1】 假设需要查询该图形中剖面线区域的面积，为了查询方便，可以使用"图层隔离"功能将"粗实线层"隔离出来，减少封闭区域的数量。

【步骤2】 使用"面积"查询功能，在立即菜单中选择"增加面积"方式→单击60×60正方形区域内部任意一点（不能在其内部的其他封闭区域中单击）→在立即菜单中改用"减少面积"方式→依次单击其内部封闭区域内任意一点，然后单击鼠标右键确认选取，即可得到查询结果。

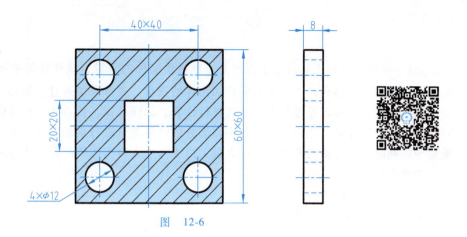

图 12-6

12.7 重心查询

"重心"查询工具可用于查询一个封闭区域或多个封闭区域的重心位置，帮助用户了解设计结果是否符合设计要求。

应用实例【12-7】

重心查询应用实例如图 12-7 所示。

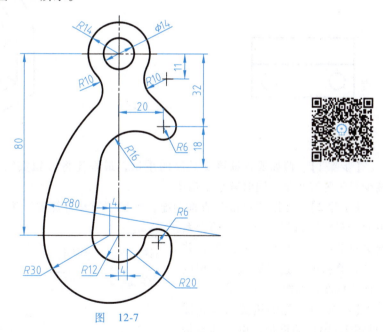

图 12-7

【步骤1】 该工件可用来吊挂重物，为了吊挂可靠、方便、防止重物脱落，其重心应在图中竖直中心线的左侧或其上。先将"粗实线层"隔离出来。

【步骤2】 使用"重心"查询功能，在立即菜单中选择"增加环"方式→单击外轮廓内一点→将"增加环"方式改为"减少环"方式→单击 $\phi14$ 圆内部任意一点后单击鼠标右键确认选择，即可得到查询结构。

12.8 重量查询

"重量"查询工具可用于查询某一种材质实体的重量，该软件为平面绘图软件，不能自动计算实体的体积，当然也不能获知实体的重量。通常只能通过已知某一区域的面积和高度进行计算，也可以通过基本体方式进行计算，如圆柱体、长方体、回转体、圆环等。不同的部位需分别计算，然后人为对各实体部分的计算重量进行累加，对去除材料部分的计算重量予以减除，最终得到整个实体的重量。由于每个人对实体的组合方式理解不同，所以查询方法也不尽相同。

应用实例【12-8】

重量查询应用实例如图12-8所示。

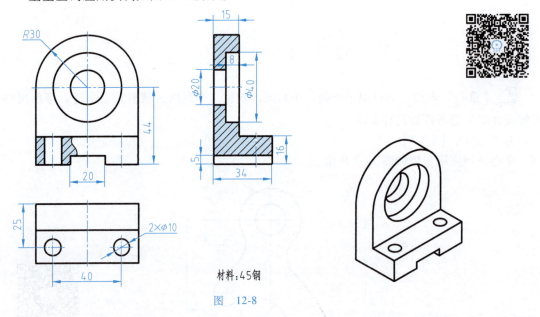

材料:45钢

图 12-8

【步骤1】 假如要查询该支承座的重量，最好先将"粗实线层"隔离出来，这样可以减少封闭区域数量，同时减小出错率。

【步骤2】 使用"重量"查询功能，弹出"重量计算器"窗口，"密度输入"选项区域中的"材料"选择"钢材"项，系统会自动加载该材质的密度值，并在"计算精度"选项区域选择相应的计算精度，如图12-9所示。

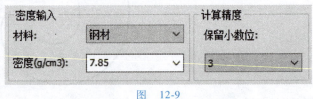

图 12-9

【步骤3】 先测量支承座底部（见图12-10）的重量，由于其不是规则的基本体，因此需要用已知面积的方法来查询，单击"已知面积"选项区域中"面积"项后方的拾取图标"🔍"，在立即菜单中选择"增加面积"方式→连续单击主视图中各个区域，先假设其上的两个 $\phi 10$ 孔不存在，单击鼠标右键后可见其面积计算结果→单击"高"项后方的拾取图标，单击左视图中宽度为【34】的水平线的两端点（也可以在数值输入框中直接输入数值，而不进行拾取）→在其他数值输入框中单击即可计算出"体积"和"重量"结果→在累计"增加"结果的方式下，单击其后的"存储"按钮，即可将其数值存储到右上方的"计算结果"选项区域中。

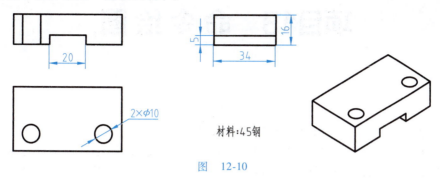

图　12-10

【步骤4】 单击"已知面积"选项区域中"面积"项后方的拾取图标，在立即菜单中选择"增加面积"方式→单击俯视图中 ϕ10 区域，单击鼠标右键后可见其面积计算结果→单击"高"项后方的拾取图标，单击左视图中高度为【16】的竖直线的两端点（也可以在数值框中直接输入数值，而不进行拾取）→在其他数值输入框中单击即可计算出"体积"和"重量"结果→在累计为"减少"的方式下，单击其后的"存储"按钮两次，即可得到支承座底部的查询结果，如图 12-11 所示。

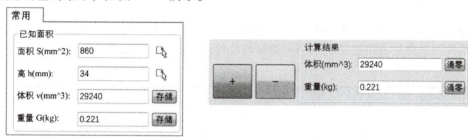

图　12-11

【步骤5】 同理查询其他部位，将计算重量累加后即可得到最终结果。

12.9 惯性矩查询

"惯性矩"查询工具用于查询物体截面的惯性矩，它是一个物理量，国际单位为 m^4，用来表示某截面相对于某点或某回转轴的抗弯曲能力。

应用实例【12-9】

惯性矩查询应用实例如图 12-12 所示。

【步骤1】 假如要查询该截面相对于 X 轴的惯性矩，先将"粗实线层"隔离出来。

【步骤2】 使用"惯性矩"查询功能，在立即菜单中选择"增加环、X 坐标轴"方式→单击外轮廓内一点，首先计算出最大截面的面积→将"增加环"方式改为"减少环"方式→分别单击中空的 4 个封闭轮廓内部→单击鼠标右键即可得到查询结果。

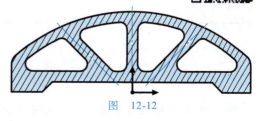

图　12-12

项目13 命令绘图

CAXA 电子图板有"立即菜单风格"和"关键字风格"两种交互绘图模式。"立即菜单风格"绘图模式适合国人的操作习惯，特别适合初学者使用，它直观地列出了相关参数，用户可以使用鼠标或键盘进行相应选项的选择及参数的输入，达到快速绘图的目的。对于习惯了 AutoCAD 绘图方式的用户，则可使用"关键字风格"绘图模式来绘图，可在"选项"中进行设置，也可在功能区空白处单击鼠标右键选择"命令行"项，该绘图方式不是本书的讲解重点。使用命令绘图可以大大提高绘图及软件操作速度，但需要记住许多快捷键及键盘命令，初学者应不断积累，逐步达到专业设计人员的水平。

13.1 常用功能键

功能键为<F1>~<F12>键，对于不同的操作系统及软件都有特定的功能设定。CAXA 电子图板的常用功能键及用途见表 13-1。能够熟练使用功能键，对提高绘图速度大有益处。

表 13-1 常用功能键及用途

功能键	用途	功能键	用途
F1	打开帮助文档	F6	切换绘图模式
F2	切换当前绘图点信息显示方式	F7	绘图导航线开关
F3	全屏显示绘图区可见对象	F8	切换正交模式
F4	指定临时参考点	F9	切换界面模式
F5	切换当前坐标系	F10	激活选项卡界面按键(同<Alt>键) 在输入框内得出表达式的结果

13.2 常用组合键

Alt → 字母 该组合键可在没有选择任何命令的状态下，对不同的功能区选项卡进行选择。

先按<Alt>键后松开，然后按下对应字母键即可快速切换到不同的功能区选项卡。

Alt → 数字 该组合键有两种功能：①在没有选择任何命令的状态下，对快速启动工具栏上的工具进行选择，与<Alt→字母>的操作方法相同；②选择某项绘图功能时，对立即菜单中的对应数字项，进行选项的循环选择或输入，操作时按下<Alt>键不放，然后按下对应的数字键，即可在不同的选项中切换。

13.3　常用快捷键

通常情况下，对于表13-2中所列功能，所有软件都设有相同的快捷键，应熟记这些常用快捷键。专业的绘图人员及竞赛选手通常使用左手操作快捷键，右手操作鼠标，这样才是良好的操作习惯。

表 13-2　常用快捷键

功能名称	快捷键	功能名称	快捷键
新建	Ctrl+N	全选	Ctrl+A
打开	Ctrl+O	剪切	Ctrl+X
保存	Ctrl+S	复制	Ctrl+C
撤销	Ctrl+Z	粘贴	Ctrl+V
恢复	Ctrl+Y	打印	Ctrl+P

13.4　常用键盘命令

常用键盘命令可以快速调用相关工具，而不必使用鼠标在功能区选项卡中寻找所需工具，大大提高了绘图速度。熟练使用相关命令，对专业的绘图人员及竞赛选手至关重要，普通绘图用户不必记住大量的键盘命令，只需记住一些常用的简化命令即可。常用键盘命令操作时，通常使用左手按下字母键后，再用左手大拇指按空格键来调用该命令。常用绘图键盘命令见表13-3，常用修改键盘命令见表13-4。

表 13-3　常用绘图键盘命令

功能图标	功能名称	简化命令	键盘命令
	直线	L	line
	多段线	PL	pline
	圆	C	circle
	圆弧	A	arc
	样条曲线	SPL	spline

功能图标	功能名称	简化命令	键盘命令
	矩形	REC	rectang
	正多边形	POL	polygon
	平行线	LL	parallel
	中心线	CL	centerl
	椭圆	EL	ellipse
	剖面线	H	hatch
	孔/轴	HA	hole

表 13-4　常用修改键盘命令

功能图标	功能名称	简化命令	键盘命令
	平移	M	move
	平移复制	CO	copy
	等距线	O	offset
	裁剪	TR	trim
	延伸	EX	extend
	拉伸	S	stretch
	阵列	AR	array
	镜像	MI	mirror
	旋转	RO	rotate
	打断	BR	break
	删除	E	erase
	分解	X	explode
	过渡	CN	corner

（续）

功能图标	功能名称	简化命令	键盘命令
	圆角	F	fillet
	倒角	CHA	chamfer
	尖角	R	sharp
	尺寸	D	dim
A	文字	T	text
	创建块	B	block
	插入块	I	insertblock
	特性匹配	MA	match

13.5　命令绘图应用

应用实例【13-1】

命令绘图应用实例如图13-1所示，绘图分析见表13-5。

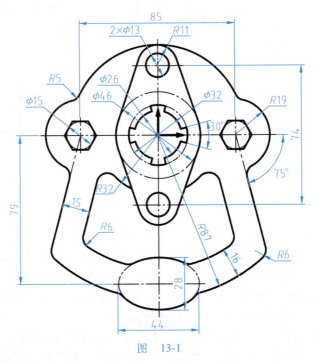

图　13-1

表 13-5　绘图分析

图形分析	该图形轮廓中圆弧较多,图形整体为左右对称结构,中间局部有上下对称结构,对称结构都应使用镜像功能制作,正多边形及椭圆需单独绘制,将绘图原点设定在 $\phi 32$ 圆心	
绘图模式	导航	
输入方式	绝对坐标输入、数值输入	

【步骤1】　按<A>键后按空格键,按<Alt+1>键选择"圆心_半径_起终角"方式,按<Alt+2>键输入半径【13】,按<Alt+3>键输入起始角【15】,按<Alt+4>键输入终止角【90-15】后按回车键确认→输入坐标【0,0】后按回车键确认→按空格键重新使用该功能,输入"半径【16】、起始角【360-15】、终止角【15】"后按回车键确认→输入坐标【0,0】后按回车键确认,如图13-2所示。

【步骤2】　按<L>键后按空格键确认,按<Alt+1>键选择"两点线"方式,按<Alt+2>键选择"单根"方式→连接两圆弧端点→按<Esc>键,如图13-3所示。

图　13-2　　　　　　　　　　　　　　　　图　13-3

【步骤3】　按<M><I>键后按空格键确认,按<Alt+1>键选择"拾取两点"方式,按<Alt+2>键选择"拷贝"方式→垂直镜像两圆弧的连接直线,如图13-4所示。

【步骤4】　按<A><R>键后按空格键确认,按<Alt+1>键选择"圆形阵列"方式,按<Alt+2>键选择"旋转"方式,按<Alt+3>键选择"均布"方式,按<Alt+4>键输入份数【4】→围绕原点阵列所有图素,如图13-5所示。

图　13-4　　　　　　　　　　　　　　　　图　13-5

【步骤5】　将当前图层设为"中心线层"→按<A>键后按空格键确认,按<Alt+1>键选择"圆心_起点_圆心角"方式→绘制一条圆弧中心线,如图13-6所示。

【步骤6】　按<A><R>键后按空格键确认→围绕原点阵列该中心线,如图13-7所示。

【步骤7】　将当前图层设为"粗实线层"→按<C>键后按空格键确认→在原点处绘制 $\phi 46$ 的圆(无中心线)→按<Esc>键,如图13-8所示。

【步骤8】　按空格键→输入坐标【0,74/2】后按回车键,输入直径【13】后按回车键确认,再次输入直径【22】后按回车键确认→按<Esc>键,如图13-9所示。

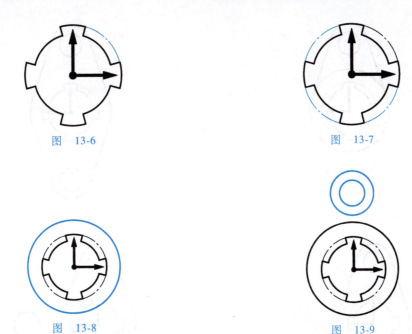

图 13-6　　　　　　　　　　　　　　图 13-7

图 13-8　　　　　　　　　　　　　　图 13-9

【步骤9】　按<L>键后按空格键→绘制上部两条切线→按<Esc>键，如图 13-10 所示。

【步骤10】　按<T><R>键后按空格键确认，按<Alt+1>键选择"快速裁剪"方式→裁剪 ϕ22 圆下部的多余段→按<Esc>键，如图 13-11 所示。

图 13-10　　　　　　　　　　　　　　图 13-11

【步骤11】　按<M><I>键后按空格键确认→垂直镜像上半部分，如图 13-12 所示。

【步骤12】　按<B><R>键后按空格键确认，按<Alt+1>键选择"一点打断"方式→将 ϕ46 圆在其四个切点处打断成四段圆弧。

【步骤13】　按<M><A>键后按空格键确认→点选任意中心线后单击 ϕ46 上下两圆弧，使其图层特性改成"中心线层"→按<Esc>键，如图 13-13 所示。

【步骤14】　按<P><O><L>键后按空格键确认，按<Alt+1>键选用"中心定位"方式，按<Alt+2>键选择"给定半径"方式，按<Alt+3>键选用"外切于圆"方式，按<Alt+4>键输入边数【6】，按<Alt+5>键输入旋转角【0】，按<Alt+6>键选择"无中心线"方式→输入坐标【85/2,0】后按回车键确认，再输入半径【15/2】后按回车键确认，如图 13-14 所示。

【步骤15】　将当前图层改为"中心线层"→按<C>键后按空格键确认，按<Alt+2>键选择"直径"方式，按<Alt+3>键选择"有中心线"方式→输入坐标【85/2,0】后按回车键确认，再输入直径【15】后按回车键确认→按<Esc>键，如图 13-15 所示。

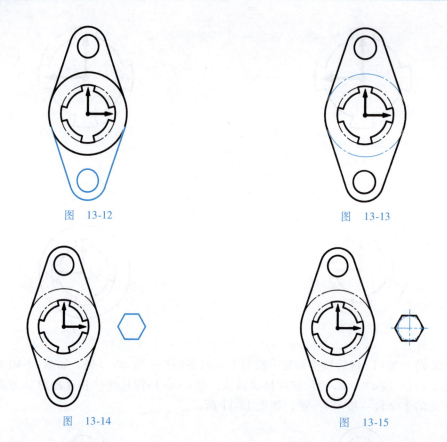

图 13-12

图 13-13

图 13-14

图 13-15

【步骤 16】 将当前图层改为"粗实线层"→按<A>键后按空格键确认，按<Alt+1>键选择"圆心_半径_起终角"方式，按<Alt+2>键输入半径【19】，按<Alt+3>键输入起始角【360−75】，按<Alt+4>键输入终止角【90】（预估值）后按回车键确认→输入圆心坐标【85/2,0】后按回车键确认，如图 13-16 所示。

【步骤 17】 按<A>键后按空格键确认，按<Alt+1>键选择"圆心_起点_圆心角"方式→单击原点→单击最上端圆弧中点，输入【−70】（预估值）后按回车键确认，绘制上端右侧未标注尺寸的 $R48$ 圆弧，如图 13-17 所示。

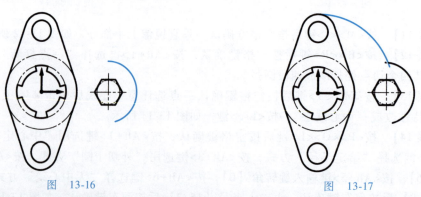

图 13-16

图 13-17

【步骤 18】 按<L><A>键后按空格键确认，按<Alt+1>键选择"X 轴夹角"方式，按<Alt+2>键选择"到点"方式，按<Alt+3>键输入角度【−75】→单击正六边形中心，并向下绘制一条任意长度的角度线，如图 13-18 所示。

【步骤19】　按<A>键后按空格键确认，按<Alt+1>键选择"圆心_半径_起终角"方式，按<Alt+2>键输入半径【32】，按<Alt+3>键输入起始角【280】（预估值），按<Alt+4>键输入终止角【330】（预估值）→单击原点，如图13-19所示。

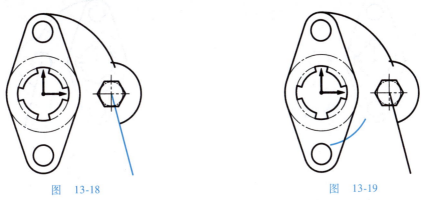

图　13-18　　　　　　　　　　　　　图　13-19

【步骤20】　按空格键，按<Alt+2>键输入半径【87-16】→单击原点，如图13-20所示。

【步骤21】　按空格键，按<Alt+2>键输入半径【87】→单击原点，如图13-20所示。

【步骤22】　按<L><L>键后按空格键确认→在角度线左侧绘制距离为【15】的平行线，如图13-21所示。

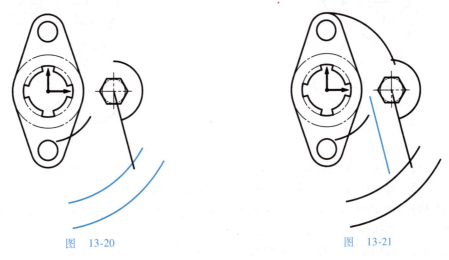

图　13-20　　　　　　　　　　　　　图　13-21

【步骤23】　按<E><L>键后按空格键确认，按<Alt+1>键选择"给定长短轴"方式，按<Alt+2>键输入长半轴【22】，按<Alt+3>键输入短半轴【14】后按空格键确认→输入坐标【0，-79】，如图13-22所示。

【步骤24】　按<F>键后按空格键确认，按<Alt+2>键输入半径【5】，单击R48与R19圆弧→按<Alt+1>键选择"裁剪始边"方式，先单击R19圆弧再单击外侧角度线→按<Alt+1>键选择"裁剪"方式，按<Alt+2>键输入半径【6】→单击过渡圆角为R6的相应边→按<Alt+1>键选择"裁剪始边"方式，先单击圆弧再单击椭圆，如图13-22所示。

【步骤25】　按<T><R>键后按空格键确认→裁剪掉R32圆弧左侧多余段，如图13-23所示。

【步骤26】　按<B><R>键后按空格键→按<Alt+1>键选择"一点打断"方式，将角度线在其与圆角的切点处打断→将上半部分的图层特性改为"中心线层"，如图13-24所示。

【步骤27】 按<M><I>键后按空格键→镜像右侧部分，不包含 *R*48 圆弧，如图 13-25 所示。

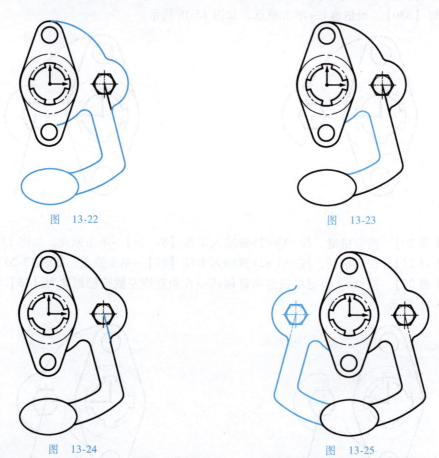

图 13-22

图 13-23

图 13-24

图 13-25

【步骤28】 单击 *R*48 圆弧左侧三角形夹点，拖动到左侧交点处，如图 13-26 所示。

【步骤29】 按<B><R>键后按空格键确认→将椭圆在其四个切点处打断。

【步骤30】 按<M><A>键后按空格键确认→点选任意中心线后单击椭圆左右两侧椭圆弧段，使其改成"中心线层"，如图 13-27 所示。

【步骤31】 按图添加中心线并调整其长度，删除重线，完成尺寸标注。

【步骤32】 按<F3>键，全屏显示→保存文档。

图 13-26

图 13-27

应用实例【13-2】

命令绘图应用实例如图 13-28 所示，绘图分析见表 13-6。

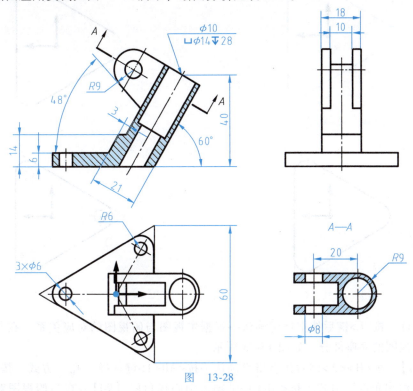

图 13-28

表 13-6 绘图分析

图形分析	该零件包含三视图和剖视图，下部底座为正三角形，上部为 60°倾斜结构，将绘图原点设定在正三角形中心处	
绘图模式	导航	
输入方式	绝对坐标输入、数值输入	

【步骤 1】 按<P><O><L>键后按空格键确认，按<Alt+1>键选择"中心定位"方式，按<Alt+2>键选择"给定边长"方式，按<Alt+3>键输入边数【3】，按<Alt+4>键输入旋转角【90】，按<Alt+5>键选择"无中心线"方式→输入坐标【0,0】后按回车键确认，再输入边长【60】后按回车键确认，如图 13-29 所示。

【步骤 2】 按<C><N>键后按空格键确认，按<Alt+1>键选择"多圆角"方式，按<Alt+2>键输入半径【6】→单击正三角形，如图 13-30 所示。

【步骤 3】 将当前层改为细实线层→按<P><O><L>键后按空格键确认，在原点绘制等大正三角形，如图 13-31 所示。

【步骤 4】 将当前图层改为"粗实线层"→按<C>键后按空格键确认→按<Alt+3>键选择"有中心线"方式，在正三角形圆角圆心处绘制 $\phi 6$ 的圆，如图 13-31 所示。

【步骤 5】 按<A><R>键后按空格键确认，按<Alt+1>键选择"圆形阵列"方式，按<Alt+2>键选择"旋转"方式，按<Alt+3>键选择"均布"方式，按<Alt+4>键输入份数【3】→围绕原点阵列 $\phi 6$ 圆及其中心线，如图 13-32 所示。

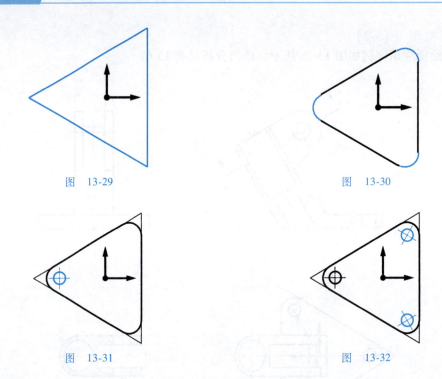

图 13-29

图 13-30

图 13-31

图 13-32

【步骤6】 按<L>键后按空格键确认→根据主视图与俯视图的对应关系，在其上方适当位置绘制主视图的底座部分，如图13-33所示。

【步骤7】 按<H><A>键后按空格键确认→按<Alt+1>键选择"孔"方式，按<Alt+2>键选择"直接给出角度"方式，按<Alt+3>键输入中心线角度【90】→在与俯视图对应位置绘制 $\phi6$ 孔，如图13-34所示。

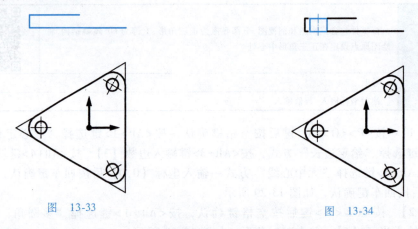

图 13-33

图 13-34

【步骤8】 按<L><A>键后按空格键确认，按<Alt+1>键选择"X轴夹角"方式，按<Alt+2>键选择"到点"方式，按<Alt+3>键输入角度【60】→绘制一条任意长角度线，如图13-35所示。

【步骤9】 按<L><L>键后按空格键确认→将60°斜线分别向左上方偏移【9】、【21】、【21-3】→将主视图最下方水平线分别向上方偏移【14】、【40】，如图13-36所示。

【步骤10】 按<R>键后按空格键确认→对相关线进行尖角处理，如图13-37所示。

【步骤11】 删除顶端的水平线，并将孔中心线的图层改为"中心线层"，如图13-38所示。

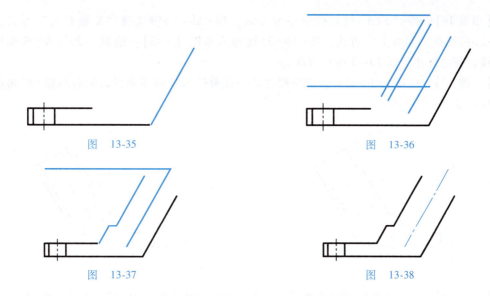

图　13-35　　　　　　　　　　　　　图　13-36

图　13-37　　　　　　　　　　　　　图　13-38

【步骤12】　按<H><A>键后按空格键确认，按<Alt+1>键选择"轴"方式，按<Alt+2>键
选择"两点确定角度"方式→单击倾斜孔中心线上端点，并将"起始直径"改为【14】→将光
标移至中心线下端点，并输入长度【28】后按回车键确认→将"起始直径"改为【10】→将
光标移至底座下方单击，如图 13-39 所示。

【步骤13】　按<R>键后按空格键确认→对孔上部端线与 60°角度线进行尖角处理→单击
鼠标右键取消该功能→调整孔端线长度为【29】，如图 13-40 所示。

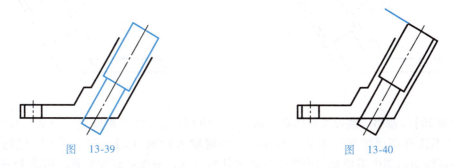

图　13-39　　　　　　　　　　　　　图　13-40

【步骤14】　按<T><R>键后按空格键确认→裁剪掉孔下端多余部分，删除多余段，并调
整中心线的长度，如图 13-41 所示。

【步骤15】　按<A>键后按空格键确认，按<Alt+1>键选择"起点_半径_起终角"方式，
按<Alt+2>键输入半径【9】，按<Alt+3>键输入起始角【60】，按<Alt+4>键输入终止角
【270】（预估值）→单击孔端线的左上端点，如图 13-42 所示。

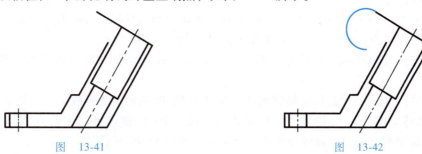

图　13-41　　　　　　　　　　　　　图　13-42

【步骤16】 按<L><A>键后按空格键确认，按<Alt+1>键选择"X 轴夹角"方式，按<Alt+2>键选择"到线上"方式，按<Alt+3>键输入角度【-48】→绘制一条与 R9 圆弧相切的直线，使之终止于图 13-43 所示直线。

【步骤17】 按<T><R>键后按空格键确认→裁剪掉圆弧的多余段，同时调整 60°角度线的长度，如图 13-44 所示。

图 13-43

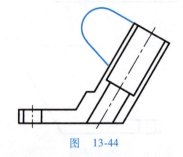

图 13-44

【步骤18】 按<C>键后按空格键确认，按<Alt+2>键选择"直径"方式，按<Alt+3>键选择"有中心线"方式→在 R9 圆弧的圆心处绘制 φ8 圆，如图 13-45 所示。

【步骤19】 按<R><O>键后按空格键确认，按<Alt+1>键选择"给定角度"方式，按<Alt+2>键选择"旋转"方式→将 φ8 圆的中心线旋转【60】度，如图 13-46 所示。

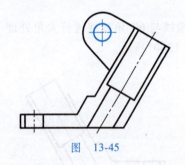

图 13-45

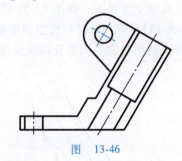

图 13-46

【步骤20】 按<H>键后按空格键确认，按<Alt+1>键选择"拾取点"方式，按<Alt+2>键选择"不选择剖面图案"方式，按<Alt+4>键输入比例【2】，按<Alt+5>键输入角度【135】→连续单击图中需填充剖面线的区域内任意一点，完成剖面线绘制，如图 13-47 所示。

【步骤21】 按<H><A>键后按空格键确认，按<Alt+1>键选择"轴"方式，按<Alt+2>键选择"直接给出角度"方式，按<Alt+3>键输入中心线角度【0】→在俯视图中单击与主视图中 A 点对应的点，并将"起始直径"改为【18】→将光标移至 B 点单击→单击鼠标右键取消该功能，如图 13-47 所示。

【步骤22】 按空格键，再次使用该功能→在俯视图中单击与主视图中 C 点对应的点，并将"起始直径"改为【10】→将光标移至 D 点单击→单击鼠标右键取消该功能，选中左侧端线上方三角形夹点，移动至下方水平线端点处，如图 13-48 所示。

【步骤23】 按<M><I>键后按空格键确认，垂直镜像调整长度后的端线，如图 13-49 所示。

【步骤24】 按<L>键后按空格键确认，补足图 13-49 所示两条竖线。

【步骤25】 按<E><L>键后按空格键确认，按<Alt+1>键选择"中心点_起点"方式，在对应位置绘制两个椭圆，裁剪并删除多余部分，如图 13-49 所示。

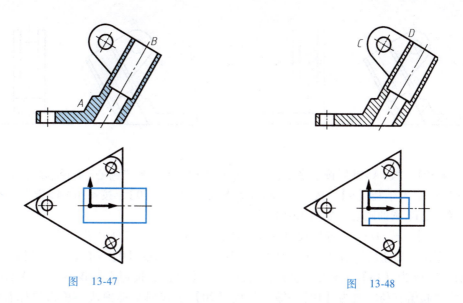

图 13-47　　　　　　　　　　　　　　　图 13-48

【步骤26】 按<F7>键后在适当位置绘制出 45°导航线→使用"直线"功能，在导航线的引导下绘制左视图中的底座部分，如图 13-50 所示。

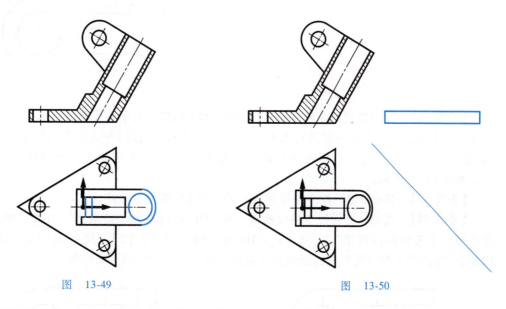

图 13-49　　　　　　　　　　　　　　　图 13-50

【步骤27】 按<H><A>键后按空格键确认，按<Alt+1>键选择"轴"方式，按<Alt+2>键选择"直接给出角度"方式，按<Alt+3>键输入中心线角度【90】→在左视图中单击底座上方直线中点，并将"起始直径"改为【18】→将光标移至 E 点单击→再次将光标移至 F 点单击→将"起始直径"改为【10】→将光标移至 G 点单击→单击鼠标右键取消该功能，如图 13-51 所示。

【步骤28】 调整图示端线长度及方向，并对其进行水平镜像，裁剪多余段，并补足缺线，按<F7>键关闭导航线，如图 13-52 所示。

【步骤29】 按<C>键后按空格键确认，按<Alt+2>键选择"直径"方式，按<Alt+3>键选择"有中心线"方式→在适当位置绘制 φ10 圆，如图 13-53 所示。

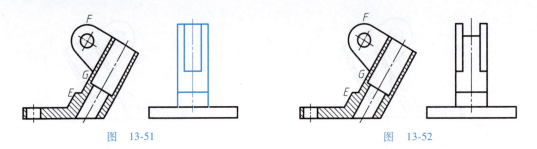

图 13-51　　　　　　　　　　　　　　　　图 13-52

【步骤30】　按<A>键后按空格键确认，按<Alt+1>键选择"圆心_半径_起终角"方式，按<Alt+2>键输入半径【9】，按<Alt+3>键输入起始角【270】，按<Alt+4>键输入终止角【90】→单击 φ10 圆的圆心，如图 13-53 所示。

【步骤31】　按<H><A>键后按空格键确认，按<Alt+1>键选择"孔"方式，按<Alt+2>键选择"直接给出角度"方式，按<Alt+3>键输入中心线角度【0】→单击 φ10 的圆心，并将"起始直径"改为【18】→将光标左移，输入长度【29】后按回车键确认→再次将光标右移，并将"起始直径"改为【10】→输入长度【20】后按回车键确认→单击鼠标右键取消该功能，如图 13-54 所示。

图 13-53　　　　　　　　　　　　　　　　图 13-54

【步骤32】　按空格键继续使用该功能→按<Alt+3>键输入中心线角度【90】→按<F4>键后单击左上角点为参考点→将光标水平右移，输入【9】后按回车键确认→按<Alt+2>键将"起始直径"改为【8】→光标向下移动，输入【4】后按回车键确认，同理绘制下方孔结构，如图 13-55 所示。

【步骤33】　按<L>键后按空格键确认，补足图 13-56 所示竖线。

【步骤34】　按<H>键后按空格键确认，按<Alt+1>键选择"拾取点"方式，按<Alt+2>键选择"不选择剖面图案"方式，按<Alt+4>键输入比例【2】，按<Alt+5>键输入角度【135】→连续单击图中需填充剖面线的区域内任意一点，完成剖面线绘制。

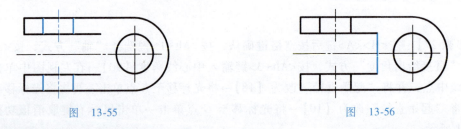

图 13-55　　　　　　　　　　　　　　　　图 13-56

【步骤35】　按图添加中心线并调整其长度，删除重线，完成尺寸及剖视标注。

【步骤36】　按<F3>键，全屏显示→保存文档。

应用实例【13-3】

命令绘图应用实例如图 13-57 所示，绘图分析见表 13-7。

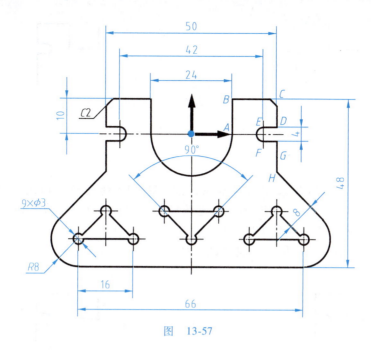

图 13-57

表 13-7 绘图分析

图形分析	该零件为左右对称结构,下方三个直角三角形的形状一致,可使用"块"功能制作,将绘图原点设定在图示位置	
绘图模式	导航	
输入方式	绝对坐标输入、数值输入	

【步骤1】 按<P><L>键后按空格键确认,按<Alt+2>键选择"直线"方式→输入起点坐标【12,0】后按回车键确认,按<F8>键开启正交模式,依照表 13-8 依次绘制各直线段与圆弧段,如图 13-58 所示。

表 13-8 图形中各图素的参数值

绘图段	线型	光标方向	输入值
AB	直线	上	10
BC	直线	右	13
CD	直线	下	8
DE	直线	左	4
EF	圆弧	下	4
FG	直线	右	4
GH	直线	下	任意长

【步骤2】 关闭正交模式,按<A>键后按空格键确认,按<Alt+1>键选择"起点_半径_起终角"方式,按<Alt+2>键输入半径【8】,按<Alt+3>键输入起始角【270】,按<Alt+4>键输入终止角【45】→输入坐标【33,-38】后按回车键确认,如图 13-59 所示。

图 13-58　　　　　　　　　　　　　　图 13-59

【步骤3】　按<L>键后按空格键确认，按<Alt＋1>键选择"切线/法线"方式，按<Alt＋2>键选择"切线"方式，按<Alt＋3>键选择"非对称"方式，按<Alt＋4>键选择"到点"方式→单击 *R*8 圆弧→再次单击圆弧的上端点，绘制任意长度切线，如图 13-60 所示。

【步骤4】　按<R>键后按空格键确认，处理切线与 *GH* 直线的连接情况，如图 13-61 所示。

图 13-60　　　　　　　　　　　　　　图 13-61

【步骤5】　按<C><H><A>键后按空格键确认，按<Alt＋1>键选择"长度和角度方式"，按<Alt＋2>键选择"裁剪"方式，按<Alt＋3>键输入长度【2】，按<Alt＋4>键输入角度【45】→分别单击 *BC*、*CD* 直线→单击鼠标右键取消该功能，如图 13-62 所示。

【步骤6】　按<M><I>键后按空格键确认，按<Alt＋1>键选择"拾取两点"方式，按<Alt＋2>键选择"拷贝"方式→水平镜像所有图素，如图 13-63 所示。

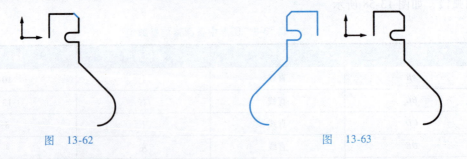

图 13-62　　　　　　　　　　　　　　图 13-63

【步骤7】　按<A>键后按空格键，按<Alt＋1>键选择"起点_终点_圆心角"方式，按<Alt＋2>键输入圆心角【180】→分别单击圆弧所在位置的左右两端点，如图 13-64 所示。

【步骤8】　按<L>键后按空格键确认，按<Alt＋1>键选择"两点线"方式，按<Alt＋2>键选择"单根"方式，补齐下方直线→按<Alt＋2>键选择"连续"方式，在左端圆弧圆心处绘制图 13-65 所示的直角等腰三角形。

【步骤9】　按<C>键后按空格键确认，按<Alt＋2>键选择"直径"方式，按<Alt＋3>键选择"无中心线"方式→在三角形 3 个顶点处分别绘制 φ3 的圆，如图 13-66 所示。

图　13-64

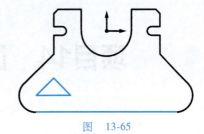

图　13-65

【步骤10】　按<T><R>键后按空格键确认，裁剪多余部分，如图13-67所示。

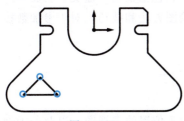

图　13-66

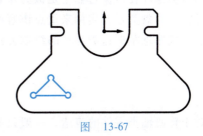

图　13-67

【步骤11】　按<C><L>键后按空格键确认，为3段圆弧添加中心线。

【步骤12】　按<B>键后按空格键确认，将三角形及圆弧定义为块，基准点设定在直角三角形斜边中点处。

【步骤13】　按<I>键后按空格键确认，将块分别插入各自位置。

【步骤14】　按图添加中心线并调整其长度，删除重线，完成尺寸标注。

【步骤15】　按<F3>键，全屏显示→保存文档。

项目14 回转类零件绘制

回转类零件在机械行业中是极为重要的一类零件，它包括轴类、盘类、套类等。本项目将通过轴类和盘类零件实例来重点讲解回转类零件的绘图方法和技巧。对于参加数控车竞赛的选手，应熟练掌握这类零件的绘制方法。

14.1 轴 类 零 件

对于普通轴类零件的表达，一般只需要一个正对加工位置的主视图，以及若干剖视图或向视图，就能完整表达轴类零件的结构，如果轴上有内孔结构，多采用局部剖视图来表达。这类零件的长径比（轴的长度与直径之比）大于1，长径比小于5时称为短轴，长径比大于20时称为细长轴。

14.1.1 传动轴

应用实例【14-1】

传动轴应用实例如图14-1所示，绘图分析见表14-1。

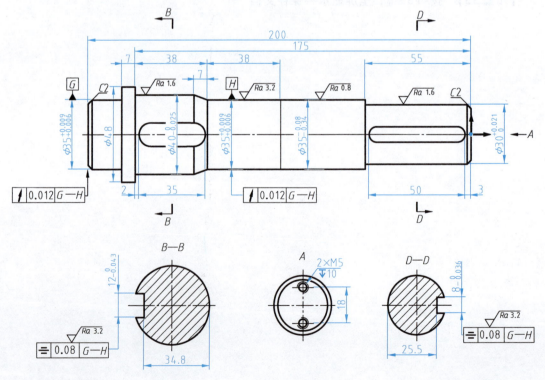

图 14-1

表 14-1 绘图分析

图形分析	该传动轴的外形结构最适合使用"孔/轴"工具进行绘制,将绘图原点设定在轴右端中点处,绘图时先忽略倒角结构	
绘图模式	导航	
输入方式	数值输入、绝对坐标输入	

【步骤1】 使用"孔/轴"功能,在立即菜单中选择"轴、直接给出角度、中心线角度【0】"方式→在原点处单击鼠标左键,将光标移动到原点左侧→在立即菜单中输入"起始直径【30】"后按回车键确认,输入长度【55】后按回车键确认。可参照表 14-2 中参数,依次绘制各个轴段,如图 14-2 所示。

表 14-2 图形中外轮廓参数值

起始直径	终止直径	长度或坐标
30	30	55
35	35	175-38-38-55
35	35	38
35	40	7
40	40	38-7
48	48	7
35	35	-200,0

【步骤2】 使用"外倒角"功能,处理轴两端的 C2 倒角→将两段 $\phi35$ 圆柱的中间分隔线的图层特性改为"细实线层",如图 14-2 所示。

图 14-2

【步骤3】 使用"多段线"功能,在空白区域绘制左侧键槽→使用"平移"功能,选中键槽左端圆弧的中点作为第一点,输入其第二点坐标【2-175,0】,将其放置到位→再使用"裁剪"修改功能,裁剪掉多余部分,如图 14-3 所示。

【步骤4】 使用"矩形"功能,在立即菜单中选择"长度和宽度、顶边中点、角度【-90】、长度【8】、宽度【50】"方式→输入其定位点坐标【-3,0】,将其放置到键槽位置→使用"多圆角"功能,将其半径设为【4】,将该矩形处理成键槽结构,如图 14-3 所示。

【步骤5】 使用"圆"功能,在轴下方对应位置绘制其他视图轮廓,如图 14-4 所示。

【步骤6】 使用"矩形"功能,在立即菜单中选择"长度和宽度、顶边中点、角度【-90】、长度【12】、宽度【15】(预估值)"方式→在导航模式下,将光标移至左侧剖视图

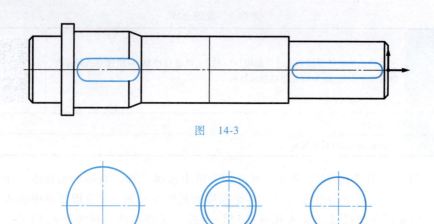

图　14-3

图　14-4

中圆的右象限点处，再向左侧少许移动光标，输入【34.8】→使用"裁剪"功能，裁剪掉多余部分。同理绘制右侧剖视图的键槽结构，如图14-5所示。

图　14-5

【步骤7】　使用"圆"功能，将当前图层设定为"细实线层"，将光标移至中间向视图的圆心处，再向上小幅移动光标，输入其距离值【9】及其直径【5】→将当前图层更改为"粗实线层"，继续输入其底孔直径【5*0.85】→使用"裁剪"修改功能，裁剪掉螺孔上多余部分→对螺孔进行镜像处理，如图14-6所示。

图　14-6

【步骤8】　使用"剖面线"功能，对两个键槽剖视图进行剖面线填充。
【步骤9】　删除重线，完成尺寸标注。
【步骤10】　按<F3>键，全屏显示→保存文档。

14.1.2　偏心轴

应用实例【14-2】

偏心轴应用实例如图14-7所示，绘图分析见表14-3。

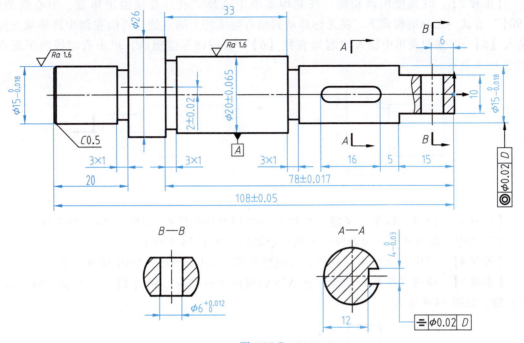

图　14-7

表 14-3　绘图分析

图形分析	偏心轴的偏心部分可先按不偏绘制,之后进行移动处理,右端也可先按轴来绘制,之后再处理,将绘图原点设定在轴右侧中点处	
绘图模式	导航	
输入方式	数值输入	

【步骤 1】　使用"孔/轴"功能,在立即菜单中选择"轴、直接给出角度、中心线角度【0】"方式→在原点处单击鼠标左键,将光标移动到原点左侧→在立即菜单中输入"起始直径【10】"后按回车键确认,输入长度【15】后按回车键确认。可参照表 14-4 中参数,依次绘制各个轴段,如图 14-8 所示。

表 14-4　图形中外轮廓的参数值

起始直径	终止直径	长度
10	10	15
15	15	78-33-3-15
13	13	3
20	20	33-3
18	18	3
26	26	108-20-78
13	13	3
15	15	20-3

【步骤2】 继续使用该功能，在立即菜单中选择"孔、直接给出角度、中心线角度【90】"方式→在导航模式下，将光标移动到轴右端线的上端点处，再向左侧少许移动光标，输入【6】→在立即菜单中输入"起始直径【6】"后按回车键确认，单击右端线的下端点，如图14-8所示。

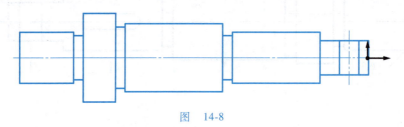

图 14-8

【步骤3】 使用"样条"功能，在轴右端图14-9所示位置绘制波浪线（细实线）→使用"裁剪"功能，裁剪掉轴右端轴肩的中间多余部分，如图14-9所示。

【步骤4】 使用"外倒角"功能，处理轴左端的 C0.5 倒角，如图14-9所示。

【步骤5】 使用"平移"功能，将 φ26 轴段向上移动偏心距【2】，并为偏心轴段添加中心线，如图14-9所示。

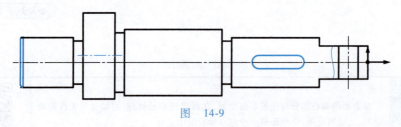

图 14-9

【步骤6】 使用"矩形"功能，在立即菜单中选择"长度和宽度、顶边中点、角度【-90】、长度【4】、宽度【16】"方式→输入其定位点坐标【-20,0】→使用"多圆角"修改功能，将其半径设为【2】，将该矩形处理成键槽结构，如图14-9所示。

【步骤7】 使用"圆"功能，在轴下方对应位置绘制其他视图轮廓，如图14-10所示。

【步骤8】 使用"矩形"功能，在立即菜单中选择"长度和宽度、中心定位、角度【0】、长度【20】（预估值）、宽度【10】"方式→将其放置在左侧圆的中心处→继续使用该功能，在立即菜单中改用"长度【6】、宽度【10】"方式→将其放置在左侧圆的中心处→继续使用该功能，在立即菜单中选择"长度和宽度、顶边中点、角度【90】、长度【4】、宽度【10】（预估值）"方式→放置在右侧剖视图位置上→使用"裁剪"功能，裁剪掉两剖视图的多余部分，如图14-11所示。

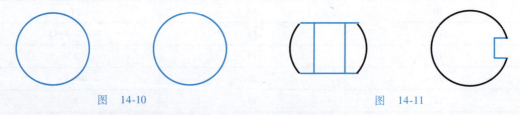

图 14-10　　　　　　　　　　　　图 14-11

【步骤9】 使用"剖面线"功能，对剖切部位进行剖面线填充。

【步骤10】 删除重线，添加中心线，完成尺寸标注。

【步骤11】 按<F3>键，全屏显示→保存文档。

14.1.3　齿轮轴

齿轮轴应用实例如图14-12所示，绘图分析见表14-5。

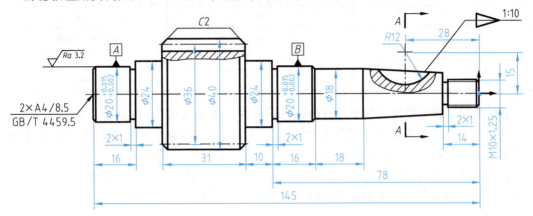

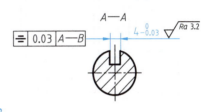

模数	m	2
齿数	z	18
压力角	α	20°

技术要求
未注倒角C1。

图　14-12

表14-5　绘图分析

图形分析	齿轮轴的轮齿部分与其模数相关,使用"平行线"功能处理,将绘图原点设定在轴右侧中点处,绘图时先忽略倒角结构	
绘图模式	导航	
输入方式	数值输入、绝对坐标输入	

　　【步骤1】　使用"孔/轴"功能，在立即菜单中选择"轴、直接给出角度、中心线角度【0】"方式→在原点处单击鼠标左键，将光标移动到原点左侧→在立即菜单中输入"起始直径【10】"后按回车键确认，输入长度【14-2】后按回车键确认。可参照表14-6中参数，依次绘制各个轴段，如图14-13所示。

表14-6　图形中外轮廓的参数值

起始直径	终止直径	长度
10	10	14-2
8	8	2
18-(78-16-18-14)/10	18	78-16-18-14
18	18	18
20	20	16-2
18	18	2

（续）

起始直径	终止直径	长度
24	24	10
40	40	31
24	24	145－16－31－10－78
18	18	2
20	20	16－2

【步骤 2】 继续使用该功能，将当前图层改为"细实线层"，在立即菜单中选择"孔、直接给出角度、中心线角度【0】"方式→单击原点，将立即菜单中的起始直径改为【10 ＊ 0.85】，绘制螺纹部分，如图 14-13 所示。

【步骤 3】 将当前图层改为"粗实线层"，使用"外倒角"功能，处理轴上的 $C1$、$C2$ 倒角→使用"裁剪"功能，裁剪掉螺纹多余部分，如图 14-13 所示。

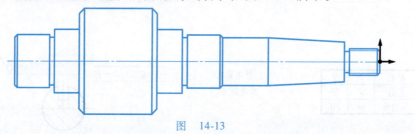

图 14-13

【步骤 4】 使用"圆心_半径"功能，输入 $R12$ 圆弧的圆心坐标【-28,15】及半径【12】→裁剪掉多余部分，如图 14-14 所示。

【步骤 5】 使用"圆心标记"功能，为 $R12$ 圆弧添加标记，调整其长度，如图 14-14 所示。

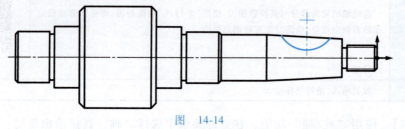

图 14-14

【步骤 6】 使用"平行线"功能，将齿顶线向下偏移一个模数【2】→继续向下偏移 2.25 倍的模数【2 ＊ 2.25】，调整两条平行线长度→将分度线改为细点画线，如图 14-15 所示。

【步骤 7】 使用"镜像"功能，将分度线在竖直方向上镜像，如图 14-15 所示。

【步骤 8】 使用"样条"功能，在轴上绘制两处波浪线（细实线）→使用"裁剪"修改功能，裁剪掉轮齿及其他多余部分，如图 14-15 所示。

【步骤 9】 使用"圆"功能，在轴上半圆键槽的剖切位置绘制截面圆，并使用"矩形"功能，选择"长度和宽度、顶边中点、角度【180】、长度【4】、宽度【8】（预估值）"方式→将其放置在 $R12$ 圆弧的下象限点处，如图 14-16 所示。

【步骤 10】 使用"平移"功能，将圆和矩形向下移动至合适位置→使用"裁剪"功能，裁剪掉多余部分，完成剖视图的轮廓绘制。

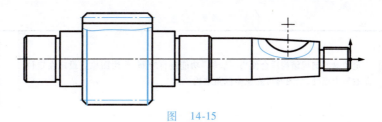

图 14-15

【步骤11】 使用"剖面线"功能，对剖切部位进行剖面线填充。

【步骤12】 删除重线及多余线条，完成尺寸标注。

【步骤13】 使用"表格"工具填写齿轮参数表。

【步骤14】 按<F3>键，全屏显示→保存文档。

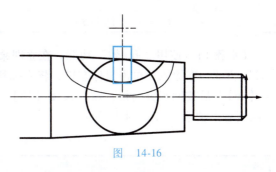

图 14-16

14.2 盘类零件

盘类零件的长径比（轴的长度与直径之比）小于1。这类零件内部通常为中空结构，所以需要用剖视图来表达其内部结构，其端面上多有连接孔，还需用正对端面的视图来表达其端面孔的分布情况。剖视图经常使用旋转剖视，在表达内部结构的同时还能表达连接孔的情况。对于某些细小结构，有时需使用局部放大视图来表示。

应用实例【14-4】

定位盘应用实例如图 14-17 所示，绘图分析见表 14-7。

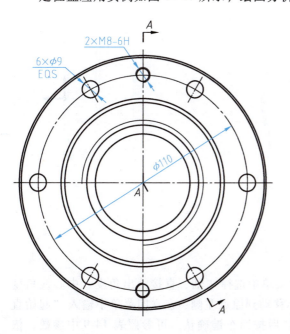

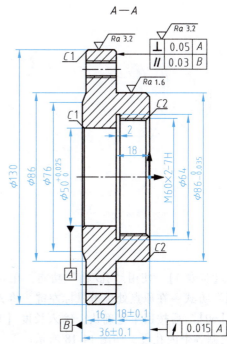

图 14-17

165

表 14-7   绘图分析

图形分析	定位盘的剖视结构适合使用"孔/轴"功能进行绘制,将绘图原点设定在定位盘右侧中点处,绘图时可先忽略倒角结构	
绘图模式	导航	
输入方式	数值输入、绝对坐标输入	

【步骤1】 使用"孔/轴"功能,在立即菜单中选择"轴、直接给出角度、中心线角度【0】"方式→在原点处单击鼠标左键,将光标移动到原点左侧→在立即菜单中输入"起始直径【86】"后按回车键确认,输入长度【18】后按回车键确认。可参照表14-8中参数,依次绘制各个轴段,如图14-18所示。

表 14-8   图形中外轮廓的参数值

起始直径	终止直径	长度
86	86	18
130	130	16
86	76	36−16−18

【步骤2】 使用"裁剪"功能,裁剪掉中间多余部分,如图14-18所示。

【步骤3】 使用"倒角"功能,处理定位盘外轮廓上的 $C1$、$C2$ 倒角,如图14-18所示。

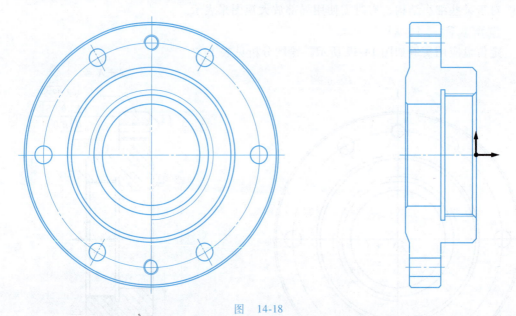

图　14-18

【步骤4】 使用"孔/轴"功能,在立即菜单中选择"轴、直接给出角度、中心线角度【0】"方式→在原点处单击鼠标左键,将光标移动到原点左侧→在立即菜单中输入"起始直径【60】"后按回车键确认,输入长度【18】后按回车键确认。可参照表14-9中参数,依次绘制各个内孔段,如图14-18所示。

表 14-9　图形中内轮廓的参数值

起始直径	终止直径	长度
60	60	18-2
64	64	2
50	50	36-18

【步骤 5】　使用"平行线"功能，将内螺纹大径向内偏移一个牙高【2 * 0.65】→将内螺纹大径线的图层特性改为"细实线层"。

【步骤 6】　使用"内倒角"功能，处理定位盘两孔口的 C1、C2 倒角，并裁剪掉螺纹大径的超出部分。

【步骤 7】　使用"圆"功能，在剖视图的左侧绘制右视图→使用"裁剪"功能，裁剪掉细实线绘制的内螺纹大径的 1/4，如图 14-18 所示。

【步骤 8】　使用"阵列"功能，分别对 M8 螺孔及 $\phi 9$ 通孔进行"圆形阵列"，如图 14-18 所示。

【步骤 9】　使用"孔/轴"功能，在立即菜单中选择"孔、直接给出角度、中心线角度【0】"方式→在导航模式下，分别绘制剖视图中的螺孔和通孔，如图 14-18 所示。

【步骤 10】　使用"剖面线"功能，对剖切部位进行剖面线填充。

【步骤 11】　删除重线，完成尺寸标注。

【步骤 12】　按<F3>键，全屏显示→保存文档。

项目15　尺寸标注及修改

工程视图表达了零件或部件结构，但其具体特征的大小及其位置则需用尺寸来进行标注。尺寸标注功能可以进行长度、角度、直径、锥度和弧长等方式标注。任何图样中，无论图形绘制的实际大小如何，加工时都要以标注尺寸为准。

15.1　尺 寸 标 注

"尺寸标注"工具为16种标注方法的总工具，见表15-1。与其他总工具的使用方法一致，这些工具都是用来进行尺寸标注的。具有连续标注功能的标注方法，不能使用单击鼠标右键或按回车键的方式取消该功能，只能按<Esc>键进行取消。

表 15-1　尺寸标注工具

图标				
名称	基本标注	基线标注	连续标注	三点角度标注
图标				
名称	角度连续标注	半标注	大圆弧标注	射线标注
图标				
名称	锥度/斜度标注	曲率半径标注	线性标注	对齐标注
图标				
名称	直径标注	半径标注	角度标注	弧长标注

15.1.1　基本标注

"基本标注"工具有一定的自动标注功能，它可以根据光标所拾取的基本对象，自动判断可能的标注方式。如果单击一条直线，则判断可能标注其长度，也可能标注直线在水平或垂直方向上的投影长度；如果单击的是两条不平行的直线，则判断是标注夹角角度；如果单击圆弧，则判断可能标注其半径或直径值；如果单击直线及直线外一点，则判断可能标注点到直线的距离。该工具基本能满足用户的大部分尺寸标注需求。

168

应用实例【15-1】

基本标注应用实例如图15-1所示。

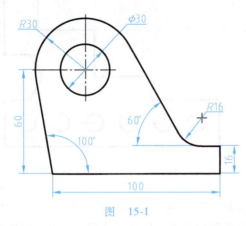

图 15-1

【步骤1】 使用"基本标注"功能,单击底部水平线,即可标注尺寸【100】。

【步骤2】 同理单击右侧竖线,即可标注尺寸【16】。

【步骤3】 分别单击底部水平线及φ30圆,即可标注尺寸【60】。

【步骤4】 分别单击形成角度【100】的两条边,即可完成角度标注。

【步骤5】 同理完成角度【60】的角度标注。

【步骤6】 单击φ30圆可完成直径【30】的标注。

【步骤7】 单击R30圆弧完成半径【30】的标注,同理可标注半径【16】(如果标注方式与期待方式不同,可在立即菜单中进行选择方式的调整)。

15.1.2 基线标注

⊢⊤ "基线标注"工具可用于对同一基准的多个线性尺寸进行连续标注。

应用实例【15-2】

基线标注应用实例如图15-2所示。

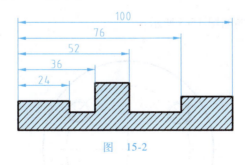

图 15-2

【步骤】 使用"基线标注"功能,单击左端直线上端点后,再单击最小尺寸【24】的标注点,放置尺寸后,依次单击由小变大的各尺寸标注点。标注完成后需按<Esc>键取消该功能。

15.1.3 连续标注

┠┼┼┤ "连续标注"工具可用于对一系列首尾相连的线性尺寸进行连续标注。

应用实例【15-3】

连续标注应用实例如图15-3所示。

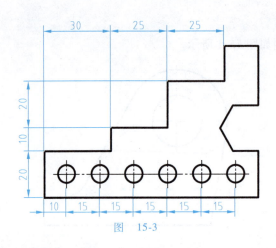

图 15-3

【步骤1】 使用"连续标注"功能，单击图形左下角点，再单击第一个孔后放置第一个尺寸，继续依次单击各个孔的标注点。标注完成后按<ESC>键取消该功能。

【步骤2】 继续使用该功能，分别标注左侧连续尺寸及上方连续尺寸。

15.1.4 三点角度标注

"三点角度标注"工具可用于标注由三个点所形成角的角度尺寸。

应用实例【15-4】

三点角度标注应用实例如图 15-4 所示。

【步骤】 使用"三点角度标注"功能，首先单击角的顶点，再分别单击其余两点，放置角度尺寸后，单击鼠标右键取消该功能。

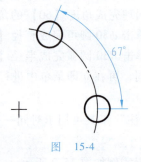

15.1.5 角度连续标注

"角度连续标注"工具可用于标注一系列连续的角度尺寸。

图 15-4

应用实例【15-5】

角度连续标注应用实例如图 15-5 所示。

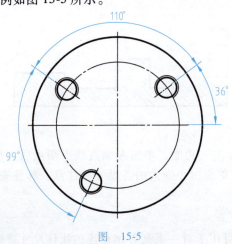

图 15-5

【步骤】 使用"角度连续标注"功能，首先单击【36】度角的两边，放置角度尺寸后，在立即菜单中可选择沿"顺时针"或"逆时针"方向进行标注，依次单击角度线标注点，按<ESC>键取消该功能。

15.1.6 半标注

├── "半标注"工具可用于标注对称结构中一半轮廓的尺寸，从而表达对称结构，多在半剖视图中使用。

应用实例【15-6】

半标注应用实例如图15-6所示。

【步骤】 使用"半标注"功能，在立即菜单中可选择"直径"方式，首先单击对称中心线，然后单击与之平行的直线或轮廓点，选择合适位置放置尺寸。尺寸标注完成后，单击鼠标右键取消该功能。

15.1.7 大圆弧标注

⌒ "大圆弧标注"工具可用于标注无法从圆心引出的圆弧半径标注，通常标注在圆弧内侧。

应用实例【15-7】

大圆弧标注应用实例如图15-7所示。

【步骤】 使用"大圆弧标注"功能，单击圆弧后移动光标至第一引出点，按尺寸弯折方式依次单击第二引出点及定位点。完成大圆弧尺寸的标注后，单击鼠标右键取消该功能。

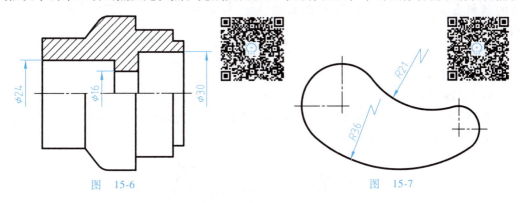

图 15-6   图 15-7

15.1.8 射线标注

→── "射线标注"工具可用于标注两点间的方向距离。

应用实例【15-8】

射线标注应用实例如图15-8所示。

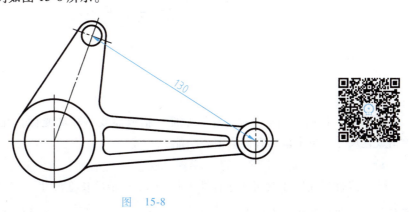

图 15-8

【步骤】 使用"射线标注"功能，单击右侧圆心后单击左上圆心，在合适位置单击放置尺寸，单击鼠标右键取消该功能。

15.1.9 锥度/斜度标注

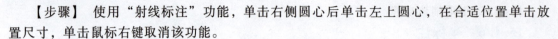 "锥度/斜度标注"工具可用于标注倾斜平面的斜度及圆锥面的锥度。

应用实例【15-9】

锥度/斜度标注应用实例如图15-9所示。

【步骤1】 使用"锥度/斜度标注"功能，在立即菜单中选择"斜度"方式，拾取水平线后单击倾斜直线，在合适位置放置尺寸，注意调整符号的正反向，斜度符号的倾斜方向与直线的倾斜方向一致，单击鼠标右键取消该功能。

【步骤2】 继续使用该功能，在立即菜单中选择"锥度"方式，拾取轴线后单击倾斜直线，在合适位置放置尺寸，注意调整符号的正反向，锥度符号的倾斜方向也应与直线的倾斜方向一致，单击鼠标右键取消该功能。

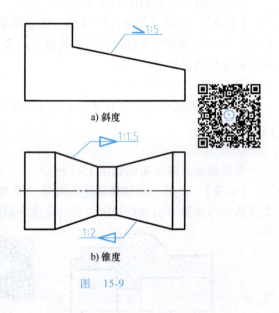

a) 斜度

b) 锥度

图 15-9

15.1.10 曲率半径标注

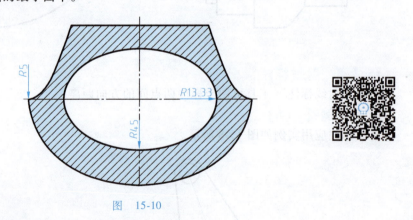 "曲率半径标注"工具可用于标注曲线上某点的曲率半径。

图15-10所示为左右对称结构，左右为抛物线，中间为椭圆，在进行铣削加工时，铣刀的半径应小于轮廓曲线的最小曲率。

图 15-10

应用实例【15-10】

【步骤】 使用"曲率半径标注"功能，拾取曲线后移动光标，在需要标注曲率的位置单击放置尺寸，单击鼠标右键取消该功能。

15.1.11 线性/对齐/直径/半径标注

"线性标注"工具可用于标注平行于 X、Y 轴的长度尺寸。 "对齐标注"工具可用来在平行于两点连线的方向上标注两点间的距离尺寸。 "直径标注"工具可用来标注圆或圆弧的直径尺寸。⌒"半径标注"可用来标注圆弧的半径尺寸。

应用实例【15-11】

线性/对齐/直径/半径标注应用实例如图 15-11 所示。

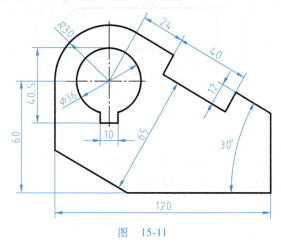

图　15-11

【步骤1】　使用"线性标注"功能，分别单击需要标注的尺寸两点，标注水平尺寸【120】、【10】及竖直尺寸【40.5】、【60】。

【步骤2】　使用"对齐标注"功能，分别单击需要标注的尺寸两点，标注尺寸【40】、【12】、【65】。标注尺寸【65】时，应单击上端斜线的端点后，将光标移至下端斜线的垂足点上单击，即可标注该尺寸。

【步骤3】　使用"直径标注"功能，单击 φ36 圆弧标注其直径尺寸。

【步骤4】　使用"半径标注"功能，单击 R30 圆弧标注其半径尺寸。

【步骤5】　使用"基本标注"功能，完成其他尺寸的标注。

15.1.12　角度标注

△"角度标注"工具可用于标注两直线夹角及圆弧的圆心角。

应用实例【15-12】

角度标注应用实例如图 15-12 所示。

【步骤1】　使用"角度标注"功能，分别单击视图中间的两条倾斜直线，完成角度尺寸【80】的标注。

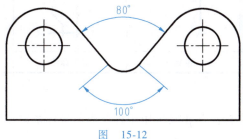

图　15-12

【步骤2】　继续使用该功能，单击圆弧，由于拾取的对象为圆弧，则系统判断标注圆心角，单击将圆心角尺寸【100】放置在合适位置。

15.1.13　弧长标注

⌒"弧长标注"工具可用于标注指定圆弧的弧长。通常情况下不使用"径向引出"方式进行标注，但当有同心圆弧干扰时，则需使用该方式进行标注。

应用实例【15-13】

弧长标注应用实例如图 15-13 所示。

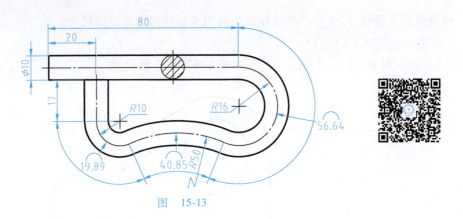

图 15-13

【步骤】 使用"弧长标注"功能，在立即菜单中选择"径向引出"方式，分别单击需标注弧长的中心线层圆弧，即可完成圆弧的弧长标注。

15.2 坐标标注

"坐标标注"工具是 8 种工具的总工具，见表 15-2。与其他总工具的使用方法一致，这些工具都是用来进行坐标标注及表格标注的。对于一些较为复杂的图样，当采用尺寸标注不便于识图时，则可采用坐标标注，这样的标注更加简洁，在钣金零件中使用较多。

表 15-2 坐标标注类型

图标				
名称	原点标注	快速标注	自由标注	对齐标注
图标				
名称	孔位标注	引出标注	自动列表标注	自动孔表标注

15.2.1 原点标注

"原点标注"工具可用于标注当前坐标系原点的 X、Y 坐标值。

应用实例【15-14】

原点标注实例如图 15-14 所示。

【步骤】 使用"原点标注"功能，系统会从当前坐标系原点引出标注坐标，移动光标将 X、Y 坐标值放置到合适位置，即可完成原点的标注。

15.2.2 快速标注

"快速标注"工具可用于标注某点相对于原点的横坐标或纵坐标。

应用实例【15-15】

快速标注应用实例如图 15-15 所示。

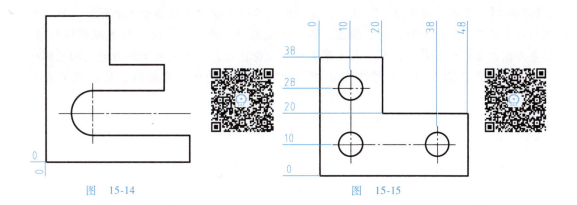

图　15-14　　　　　　　　　　　　图　15-15

【步骤1】　使用"快速标注"功能，在立即菜单中选择"不绘制原点坐标、Y 坐标"方式，单击图形右下角点，作为 Y 轴方向的原点，调整适当的延伸长度，在 Y 轴方向标注各点的 Y 坐标值。

【步骤2】　继续使用该功能，在立即菜单中将"Y 坐标"改成"X 坐标"，单击图形左下角点，作为 X 轴方向的原点，调整适当的延伸长度，在 X 轴方向标注各点的 X 坐标值（将哪一点作为原点，与坐标放置方向有关）。

15.2.3　自由标注

"自由标注"工具可用于标注当前坐标系下某个点的 X 坐标值或 Y 坐标值，可自由指定尺寸的放置位置。

应用实例【15-16】

自由标注应用实例如图 15-16 所示。

【步骤】　使用"自由标注"功能，在立即菜单中选择"绘制原点坐标"方式，单击图中作为原点的点，再次单击该点则可标注原点位置，单击其他标注点，移动光标则可标注 X、Y 轴方向上各标注点的坐标值。

15.2.4　对齐标注

"对齐标注"工具可用于标注各坐标处于同一对齐位置。

图　15-16

应用实例【15-17】

对齐标注应用实例如图 15-17 所示。

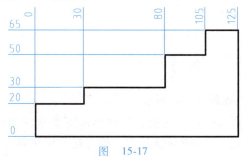

图　15-17

【步骤1】 使用"对齐标注"功能，在立即菜单中选择"不绘制原点坐标"方式，单击图形左下角点，作为 Y 轴方向的原点，再次单击原点，设置合适的"对齐点延伸"值，在原点左侧放置起点【0】，依次单击 Y 轴方向其他标注点，即可完成 Y 轴方向上的坐标标注（注意：如果放置点距原点的距离小于"对齐点延伸"值，坐标值会标注到原点另一侧）。

【步骤2】 继续使用该功能，标注 X 轴方向上的坐标值。

15.2.5　孔位标注

$\ulcorner^{Y}_{X}$"孔位标注"工具可用于标注孔位相对原点的坐标。

应用实例【15-18】

孔位标注应用实例如图 15-18 所示。

【步骤1】 使用"原点标注"功能，在图形左下角点进行原点标注。

【步骤2】 使用"孔位标注"功能，单击图形左下角点，将其设定为原点，依次单击各孔中心，即可完成各孔的孔位坐标标注。

15.2.6　引出标注

$Y\llcorner^{X}$"引出标注"工具可用于将坐标值引出到空白处进行标注。

应用实例【15-19】

引出标注应用实例如图 15-19 所示。

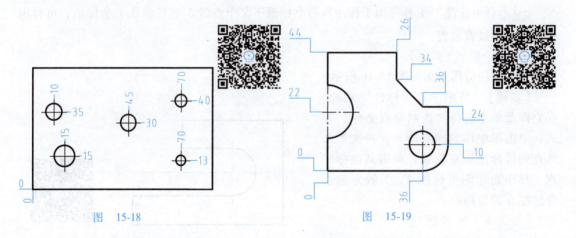

图　15-18　　　　　　　　　　　　　　　　图　15-19

【步骤】 使用"引出标注"功能，单击图形左下角点，将其设定为原点，依次单击各标注点，沿 X 轴方向移动光标则可标注 Y 轴方向上的坐标值，同理沿 Y 轴方向移动光标则可标注 X 轴方向上的坐标值。

15.2.7　自动列表标注

▦"自动列表标注"工具是用表格方式列出标注点、圆心或样条插值点的坐标值，如果标注对象为圆或圆弧，则还会标注直径信息。

应用实例【15-20】

自动列表标注应用实例如图 15-20 所示。

【步骤】 使用"自动列表标注"功能，依次单击需要标注的圆或圆弧，并将其序号放置在合适的位置上，单击鼠标右键确认选择后，即可得到标注列表。

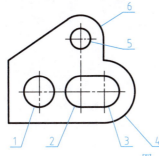

	PX	PY	Φ
1	12.00	12.00	12.00
2	28.00	12.00	12.00
3	37.00	12.00	12.00
4	37.00	12.00	24.00
5	28.00	32.00	8.00
6	28.00	32.00	18.00

图　15-20

15.2.8　自动孔表标注

"自动孔表标注"工具是用表格的方式列出多个圆孔的圆心位置坐标及孔径值。

应用实例【15-21】

自动孔表标注应用实例如图 15-21 所示。

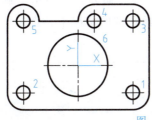

	X	Y	孔径
1	27.00	−13.00	7.00
2	−27.00	−13.00	7.00
3	27.00	21.00	7.00
4	8.00	21.00	7.00
5	−27.00	21.00	7.00
6	0.00	0.00	30.00

图　15-21

【步骤】　使用"自动孔表标注"功能，在立即菜单中选择"不加引线"方式，单击图示水平中心线作为 X 轴，垂直中心线作为 Y 轴，框选所有图素，单击鼠标右键确认选择后，即可得到各孔的标注孔表。自动编号的位置可以调整。

15.3　标注的修改

多数情况下，尺寸的标注不一定能一次完成，经常需要对其位置及文本等进行修改。系统提供了 4 种标注修改功能，见表 15-3。

表 15-3　标注修改类型

图标	↔	⊥	✗	↔↵
名称	标注编辑	标注间距	清除替代	尺寸驱动

15.3.1　标注编辑

"标注编辑"工具可用于编辑对象的位置或标注文本及公差等内容。

使用"标注编辑"功能时，单击拾取要编辑的标注对象后，可以移动光标调整其位置，也可在立即菜单中进行一些简单的设置，单击鼠标右键即可进入对应尺寸的编辑对话框。或者双击长度尺寸、角度尺寸、技术要求等对象，也可打开对应的对话框。

应用实例【15-22】

标注编辑应用实例如图 15-22 所示。

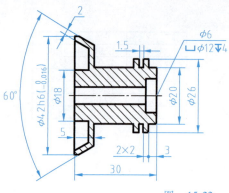

技术要求

1.锐角倒钝不大于C0.5。

2.经调质处理,28~32HRC。

3.未注长度尺寸允许偏差±0.5。

图 15-22

【步骤1】 使用"标注编辑"功能,单击尺寸 φ42 后单击鼠标右键,弹出"尺寸标注属性设置"对话框,在"公差与配合"的"输入形式"项中选择"代号"方式,"公差代号"输入【h6】,在其"输出形式"中选择"代号(偏差)",单击"确定"按钮完成尺寸公差的标注(提示:标注尺寸时,在未单击鼠标左键的情况下,直接单击鼠标右键也可打开该对话框),如图 15-23 所示。

图 15-23

【步骤2】 继续使用该功能,单击右端孔的引出标注,在立即菜单中选择"修改文字"方式,单击重新放置其位置。单击鼠标右键弹出"引出说明"对话框,可删除"通孔"文字,单击"确定"按钮完成引出标注的修改,如图 15-24 所示。

【步骤3】 继续使用该功能,单击技术要求文字,弹出"技术要求库"对话框,可以增减技术要求项,单击"生成"按钮完成技术要求的修改,如图 15-25 所示。

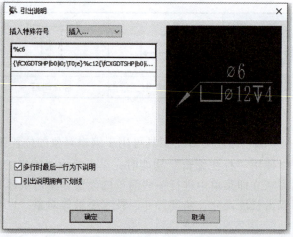

图 15-24

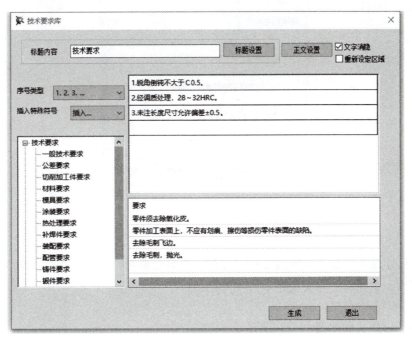

图　15-25

15.3.2　标注间距

"标注间距"工具可用于调整相互平行的线性尺寸之间的间距或共享一个公共顶点的角度尺寸之间的径向间距。

应用实例【15-23】

标注间距应用实例如图 15-26 所示。

【步骤】　使用"标注间距"功能，在立即菜单中设定"间距值"，框选所有长度尺寸后单击鼠标右键完成间距调整。

15.3.3　清除替代

"清除替代"工具可用于清除选定尺寸对象的所有替代值。

应用实例【15-24】

清除替代应用实例如图 15-27 所示。

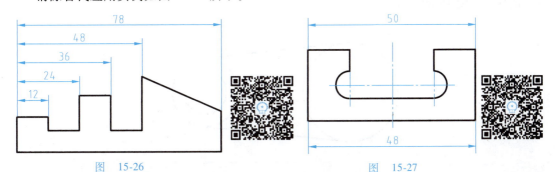

图　15-26　　　　　　　　　　　　　　　　图　15-27

【步骤】　使用"清除替代"功能，在弹出的对话框中勾选"文本替代"，如图 15-28 所示，单击"确定"按钮后框选所有尺寸，单击鼠标右键确认后，可见上方【50】尺寸被替代了，其实际尺寸为【48】。

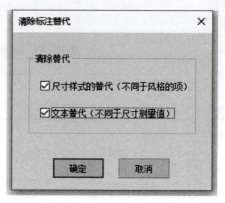

图　15-28

15.3.4　尺寸驱动

"尺寸驱动"工具可通过更改尺寸的大小对图形对象进行参数化驱动，并保持原有拓扑关系不变，如相切、相交关系。

应用实例【15-25】

尺寸驱动应用实例如图 15-29 所示。

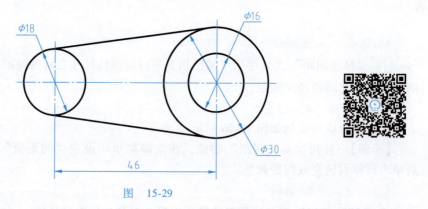

图　15-29

【步骤】　使用"尺寸驱动"功能，框选包括尺寸在内的所有图素，将参考点设定在任意圆心处，单击需要更改的尺寸，输入新的数值后即可完成图形的驱动，中心线的长度需要自行调整，如图 15-30 所示。

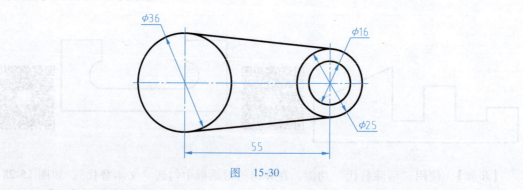

图　15-30

项目16　符号与文字标注

　　符号与文字在任何图样中都是不可缺少的重要组成部分。符号可以让用户快速理解其标注含义，以便规划更加合理的加工工艺方案。文字则可以更加详细地描述无法用符号及尺寸来表达的内容，比如标题栏中的文本信息，技术要求中的热处理方式、安装方法、维修注意事项等重要信息。

16.1　符号标注

　　本项目来讲解表 16-1 所列 14 种符号的标注方法，它们位于"标注"功能区选项卡的"符号"面板中。

表 16-1　符号标注工具

图标	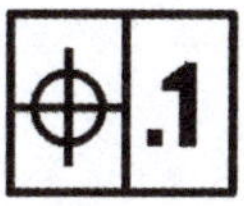	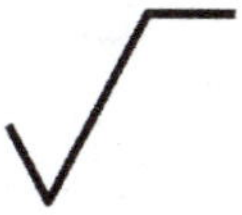	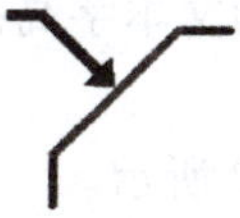	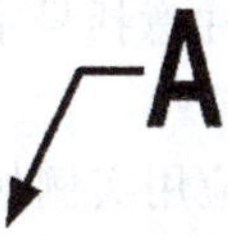	
名称	几何公差	表面粗糙度	倒角标注	引出说明	基准符号
图标				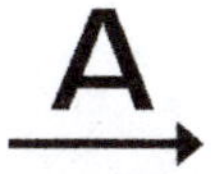	
名称	剖切符号	焊接符号	中心孔标注	向视符号	旋转符号
图标		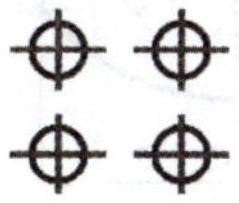	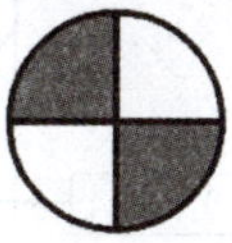		
名称	标高	孔标注	圆孔标注	焊缝符号	

16.1.1　几何公差

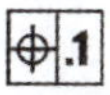

　　"几何公差"工具用来标注零件上几何要素的形状、位置及跳动等加工要求。在标注形状公差代号时，只能填写其公差值，如果标注的是位置或方向公差，必须填写基准符号，以及其他附加信息。如果有多个几何公差共用一条指引线，则可以用增加行的方法来添加。还可以在公差框的顶端或底端添加其他附加标注。

应用实例【16-1】

　　几何公差应用实例如图 16-1 所示。

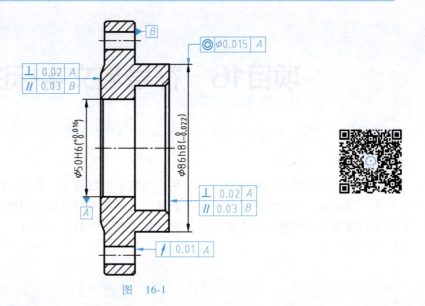

图 16-1

16.1.2　表面粗糙度

"粗糙度"工具用来标注零件表面的加工质量及工艺方法的要求。表面粗糙度符号可以标注在零件表面，也可引出标注，系统默认为旧国标的标注方法，用户可改用现行国标方式进行标注。对于其余部分的标注，可使用"文本"工具进行标注，可分多次插入"表面粗糙度"项，注意括号字高应为文本字高的两倍。

应用实例【16-2】

表面粗糙度应用实例如图 16-2 所示。

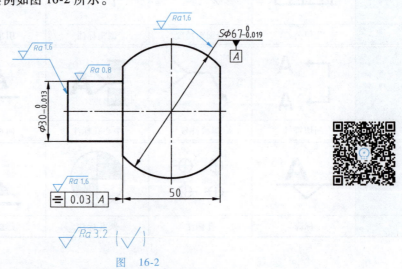

图 16-2

16.1.3　倒角标注

"倒角标注"工具用来对零件上的倒角特征进行标注。在确认轴线方向的情况下，单击倒角线即可进行标注，可对标注样式进行选择。当需要对两个等大倒角同时标注时，可采用"特殊样式"分别单击两个倒角线进行标注。

应用实例【16-3】

倒角标注应用实例如图 16-3 所示。

16.1.4　引出说明

⌐A "引出说明"工具用来对某个几何要素进行引出说明标注。文本可以通过按键盘上的回车键进行多行输入，通常情况下最后一行位于标注线下方。

应用实例【16-4】

引出说明应用实例如图 16-4 所示。

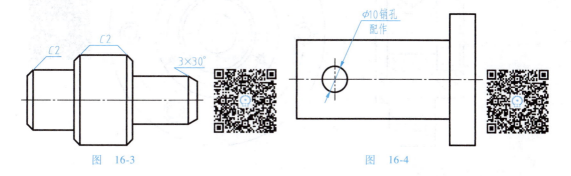

图　16-3　　　　　　　　　　　　　　　　　　图　16-4

16.1.5　基准符号

A⊤ "基准符号"工具用来指定某个几何要素作为基准。有"基准标注"和"基准目标"两种标注方式，"基准目标"方式多用在建筑图样上，机械图样则采用"基准标注"方式。当基准符号与某尺寸线对齐时，表示基准为该尺寸的对称中心线或对称平面。

应用实例【16-5】

基准符号应用实例如图 16-5 所示。

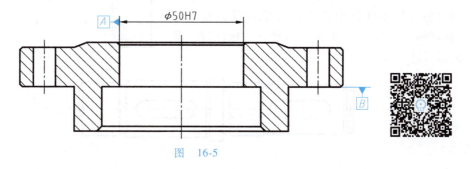

图　16-5

16.1.6　剖切符号

⌐A "剖切符号"工具用来标注剖切位置及剖视图标签。剖切符号文本的字号应比尺寸文本大一号，可在样式管理中进行设置。

应用实例【16-6】

剖切符号应用实例如图 16-6 所示。

16.1.7　焊接符号

⌐ "焊接符号"工具用来标注焊缝的焊接要求。当标注在焊缝一侧时，文本及符号应位于实线一侧，当标注在没有焊缝的一侧时，文本及符号应位于虚线一侧，尾部符号之后用来标注焊接方法代号或焊缝条数。

应用实例【16-7】

焊接符号应用实例如图 16-7 所示。

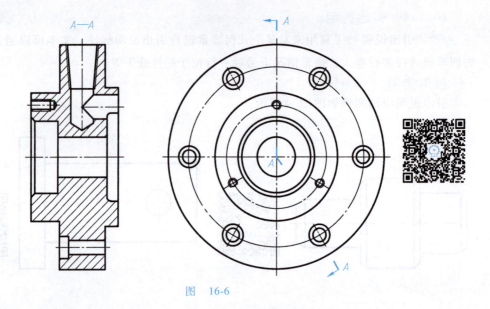

图 16-6

16.1.8 中心孔标注

"中心孔标注"工具用来标注零件上中心孔的加工要求。当对中心孔不做详细要求时，可进行"简单标注"。

应用实例【16-8】

中心孔标注应用实例如图 16-8 所示。图中左端为加工后不保留中心孔的简单标注，右端为"标准标注"，标注文本需自行输入，标注方式及国标可进行选择。

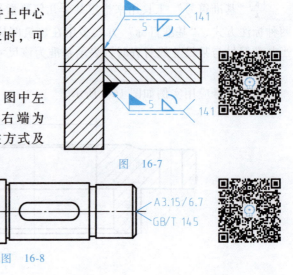

图 16-7

图 16-8

16.1.9 向视符号

"向视符号"工具用来标注向视图的方位及名称符号等信息。如果向视图作了旋转，则需标注旋转方向及旋转角度。

应用实例【16-9】

向视符号应用实例如图 16-9 所示。

16.1.10 旋转符号

"旋转符号"工具用来单独标注向视图的旋转方向及角度。标注极为简单，可参照"向视符号"的标注，如图 16-9 所示。

16.1.11 标高

"标高"工具用来标注某点相对原点的高度值。通常在建筑图样中使用，常用来标注房顶及房檐的高度等。

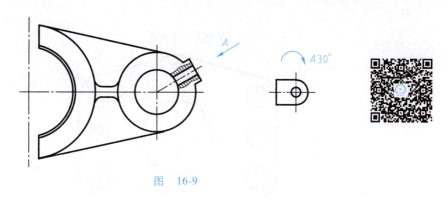

图 16-9

应用实例【16-10】
标高应用实例如图 16-10 所示。

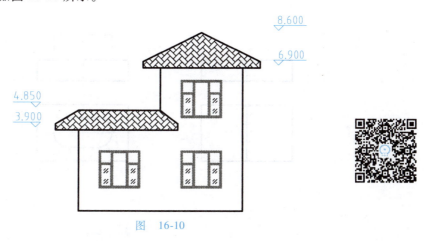

图 16-10

16.1.12 孔标注
"孔标注"工具用指引线方式集中标注均布孔的信息。

应用实例【16-11】
孔标注应用实例如图 16-11 所示。

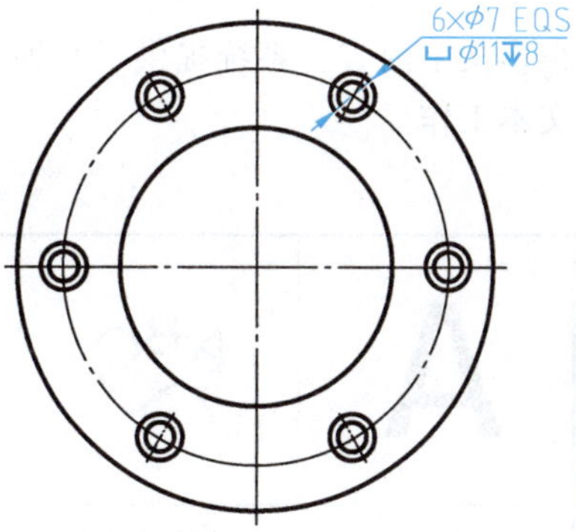

16.1.13 圆孔标注
"圆孔标注"工具用不同的显示方式来标记同类型的圆孔。当图样上孔比较多，其大小差异性不大时，则可采用这种标注方式，便于工人快速识别同类型孔所在位置。

图 16-11

应用实例【16-12】
圆孔标注应用实例如图 16-12 所示。

16.1.14 焊缝符号
"焊缝符号"工具用来标注焊缝部位的焊缝符号。

应用实例【16-13】
焊缝符号应用实例如图 16-13 所示。

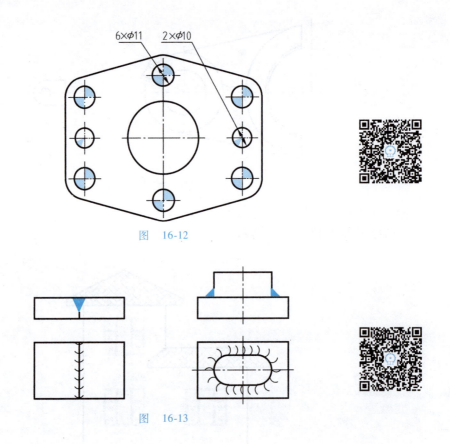

图　16-12

图　16-13

16.2　文字标注

图样中有很多文字内容，系统提供了 5 种文字处理工具（见表 16-2），可以帮助用户快速处理相关的文本工作。

表 16-2　文字处理工具

图标	A	ᴬᴮᶜ	ABC→	→A	ABC
名称	文字	曲线文字	递增文字	技术要求	查找替换

16.2.1　文字及曲线文字

A "文字"工具用来进行文字的输入。ᴬᴮᶜ "曲线文字"工具用来沿曲线排列文字。

应用实例【16-14】

文字及曲线文字应用实例如图 16-14 所示。图示为一个竞赛图章，绘制好轮廓后，可在隐藏层绘制一段如图所示的圆弧，使用"文字"工具制作"竞赛组委会"文字，再使用"曲线文字"工具制作其余文字，将曲线文字打散后，对所有对象进行"镜面镜像"（需在"选项"工具中设置），即可完成图章制作。

图　16-14

16.2.2　递增文字

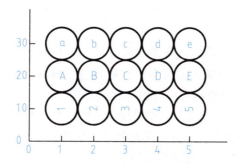（此处为ABC图标）"递增文字"工具只能对数字或字母的单行文字进行递增排列。可以设置文字之间的距离、递增文字的数量及递增值。

应用实例【16-15】

递增文字应用实例如图 16-15 所示。本例绘制图形后，只需用"文字"工具分别输入【0】、【1】、【A】、【a】，即可通过该功能完成其他文本的制作。

图　16-15

16.2.3　技术要求及查找替换

"技术要求"工具可用系统提供的资源及自定义的资源来制作技术要求。

"查找替换"工具可以在文本中快速查找或替换相应文本。

应用实例【16-16】

图 16-16 所示实例可使用"技术要求"工具进行制作，也可使用"查找替换"工具进行文字的修改，请用户自行完成。

技术要求

1. 去除毛刺飞边，未注倒角C1。

2. 零件加工表面上，不应有划痕、擦伤等缺陷。

3. 未注线性尺寸偏差±0.5。

4. 表面喷涂灰色防锈漆。

图　16-16

项目17　样式与标准管理

机械工程图样的相关国家标准中，对线型、线宽、标注格式等要素都做了相应的规定，大型企业同样会对本企业使用的图样制订一些规范，绘制图样前应先设置好各种样式。软件中大多数要素的样式已经设置好了，所以一般可以直接开始绘图工作。在遵循相关标准的情况下，用户可以设置适合自己的显示风格。本书已在图层项目中讲述了一些样式设置的相关内容，本项目将结合机械制图标准来讲解"样式管理"工具的使用。

17.1　样 式 管 理

"样式管理"工具可对图层、线型、文本、表面粗糙度、序号、明细栏、尺寸标注等13种要素的显示风格进行设置，并可对风格设置进行导入、导出、合并等。在"常用""标注""工具"功能区选项卡中都可以找到"样式管理"工具，如图17-1所示。

说明：软件界面中的"形位公差""粗糙度""明细表"分别对应现行国标中的"几何公差""表面粗糙度""明细栏"，为方便读者学习，本书未对软件界面截图做修改，而在文字表述中使用国标中的术语名词，还请读者特别注意。

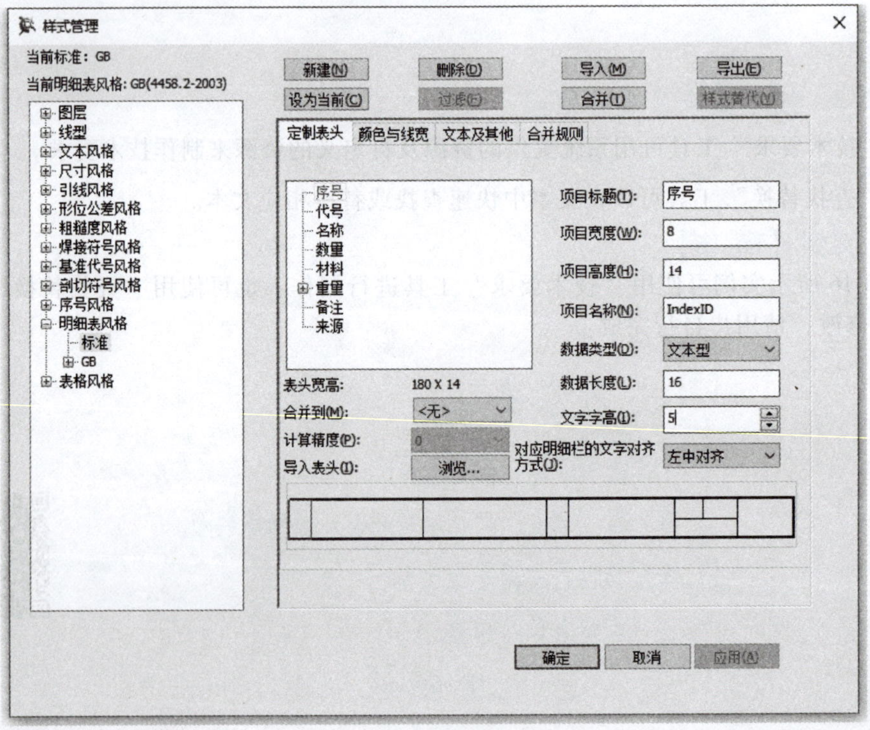

图　17-1

17.1.1 文本样式

𝐀 "文本样式"工具可对不同文本风格里的中文和西文字体进行单独设置,通过相关参数的设置来改变其显示风格,系统默认有"标准""TitleStyle"和"机械"三种文本风格。如有需要,用户也可以新建文本风格,文本风格设置如图17-2所示。

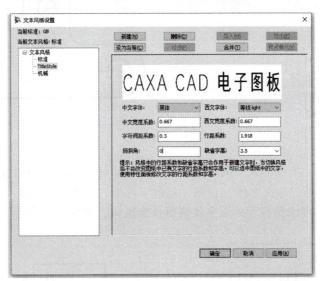

图   17-2

应用实例【17-1】

文本样式应用实例如图17-3所示。

	X	Y	孔径
1	31.00	0.00	8.00
2	31.00	13.00	8.00
3	31.00	26.00	8.00
4	31.00	39.00	8.00
5	0.00	0.00	10.00
6	56.00	6.00	20.00

技术要求

1. 锐边倒钝。

2. 经调质处理,28~32HRC。

3. 材料:20Cr。

4. 板料厚度2。

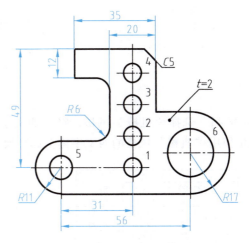

图   17-3

该实例包含尺寸标注、文本标注、技术要求及表格,这些内容中都涉及文字,下面将通过"文本样式"工具来设置不同的文字风格显示效果。

【步骤1】 从"常用"功能区选项卡的"特性"面板中的"样式管理"下拉菜单中,选择"文本样式"工具,打开"文本风格设置"对话框。

【步骤2】 选择"标准"风格,单击"中文字体"选项,更改字体为"黑体"→单击"应用"按钮,可见技术要求中的正文文字风格已更换为黑体,如图17-4所示。

	X	Y	孔径
1	31.00	0.00	8.00
2	31.00	13.00	8.00
3	31.00	26.00	8.00
4	31.00	39.00	8.00
5	0.00	0.00	10.00
6	56.00	6.00	20.00

技术要求

1. 锐边倒钝。

2. 经调质处理，28～32HRC。

3. 材料：20Cr。

4. 板料厚度2。

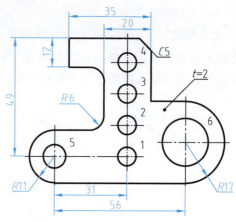

图　17-4

【步骤3】 选择"TitleStyle"风格，单击"中文字体"选项，更改字体为"黑体"→选择"机械风格"，单击"中文字体"选项，更改字体为"黑体"→单击"应用"按钮，表头中的中文字体、技术要求的标题的文字风格更换为黑体，如图17-5所示。

	X	Y	孔径
1	31.00	0.00	8.00
2	31.00	13.00	8.00
3	31.00	26.00	8.00
4	31.00	39.00	8.00
5	0.00	0.00	10.00
6	56.00	6.00	20.00

技术要求

1.锐边倒钝。

2.经调质处理，28～32HRC。

3.材料：20Cr。

4.板料厚度2。

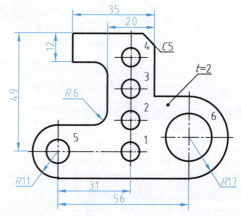

图　17-5

【步骤4】 选择"机械"风格，将"西文字体"选项改为"黑体"→单击"应用"按钮，图中使用"机械"风格的西文字体全部更换为黑体，如图17-6所示。

	X	Y	孔径
1	31.00	0.00	8.00
2	31.00	13.00	8.00
3	31.00	26.00	8.00
4	31.00	39.00	8.00
5	0.00	0.00	10.00
6	56.00	6.00	20.00

技术要求

1.锐边倒钝。

2.经调质处理，28～32HRC。

3.材料：20Cr。

4.板料厚度2。

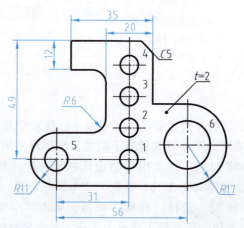

图　17-6

文字字体可以根据需要进行更改，但是必须遵守有关的机械制图标准。我国机械制图标准中规定中文字体为"长仿宋体"，西文字体为"gbcbig. shx"。

设置文本风格时，"中文宽度系数"用来设置单个文本的字体宽度。"字符间距系数"用来设置文本之间的间距。"倾斜角"用来设置文字的倾斜角度。"行距系数"用来设置文本行间距。"缺省字高"用来设置文本高度。这些都可以进行相应的设置，非必要情况可不更改。

17.1.2 尺寸样式

"尺寸样式"工具可对尺寸标注的风格进行设置、新建、合并、替代等操作，对直线和箭头、文本（包括文本的位置）、单位、公差以及尺寸形式都可以进行设置。标注风格设置如图 17-7 所示。

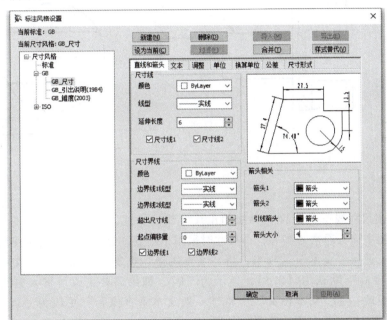

图   17-7

应用实例【17-2】

尺寸样式应用实例如图 17-8 所示。

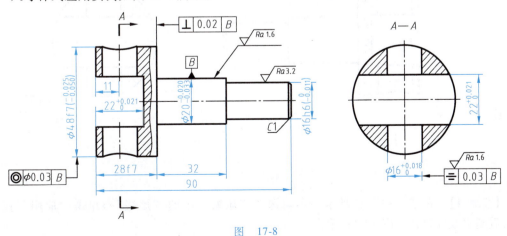

图   17-8

　　该实例的尺寸标注中包含自由尺寸标注、尺寸公差标注、尺寸公差代号标注。下面将对尺寸标注风格进行一定的设置。

　　【步骤1】　从"常用"功能区选项卡的"特性"面板中的"样式管理"下拉菜单中，选择"尺寸样式"，打开"标注风格设置"对话框。

　　【步骤2】　以"GB尺寸"为例进行相关设置。选择"直线和箭头"选项卡，该选项卡用来设置"尺寸线""尺寸界线"和"尺寸箭头"→将它们的"颜色"更改为"红色"→将"尺寸界线"的"起点偏移量"更改为【3】→单击"应用"按钮即可看到更改效果，如图17-9所示。

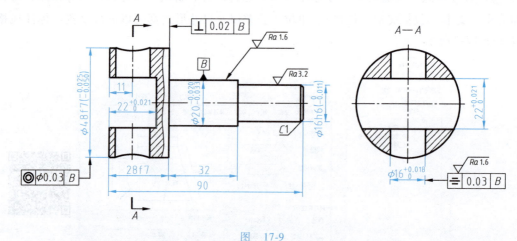

图　17-9

　　其中"超出尺寸线"是指尺寸界线超出尺寸线的长度，默认2mm，国标中规定为2~5mm。机械绘图中箭头通常为实心，小尺寸时采用小圆点，建筑绘图中通常使用45°斜线。

　　【步骤3】　选择"文本"选项卡，将"文本风格"更改为"机械"，"文本颜色"更改为"红色"，"字高"默认为【3.5】，显示为"0"，如果需要更改可输入更改后的字高数值，一般无须更改→在"文本位置"中将"一般文本垂直位置"更改为"尺寸线中间"→单击"应用"按钮即可看到更改效果，如图17-10所示。

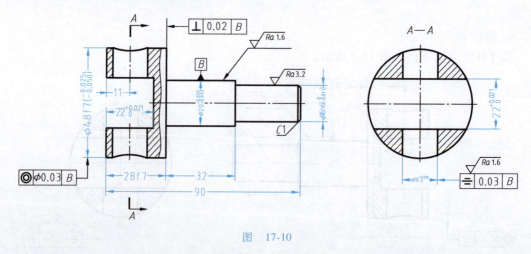

图　17-10

　　【步骤4】　在"公差"选项卡中不勾选"零压缩"中的"后缀"→单击"应用"按钮即可看到更改效果，如图17-11所示。

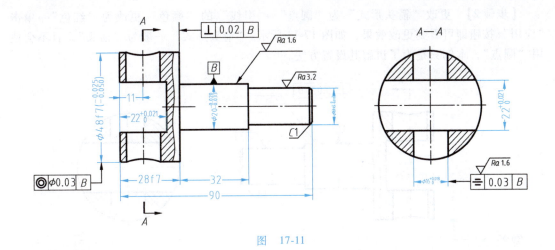

图　17-11

　　公差文本通常比尺寸文本小一号，图样中文本字号之间为$\sqrt{2}$倍换算关系，计算值取小数点后一位。"零压缩"用来决定是否显示偏差值中小数点前的"0"和偏差值后面的"0"，小数点前的"0"通常不进行压缩。

17.1.3　引线样式

　　"引线样式"工具可设置几何公差、表面粗糙度和焊接标注等引出标注时引线的显示风格，包括"引出端点""引线""尺寸界限"和"全周符号"等内容。引线风格设置如图 17-12 所示。

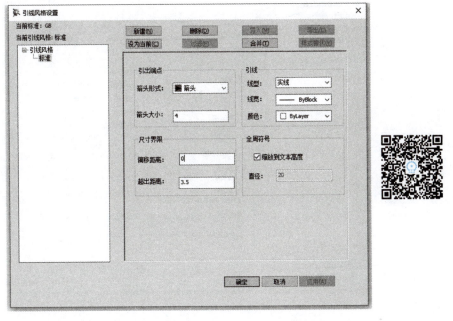

图　17-12

应用实例【17-3】

　　以实例【17-2】中的零件图样来演示如何更改引线的显示风格。

　　【步骤1】　从"常用"功能区选项卡的"特性"面板中的"样式管理"下拉菜单中，选择"引线样式"，打开"引线风格设置"对话框。

【步骤2】 更改"箭头形式"为"圆点"→"引线"的"颜色"更改为"红色"→单击"应用"按钮即可看到更改效果，如图17-13所示。"箭头形式"一般为"箭头"，且不会使用"圆点"，本例只是为了讲解其设置方法。

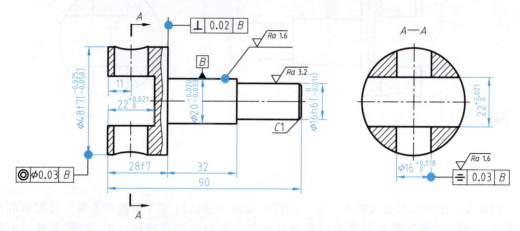

图 17-13

17.1.4 几何公差样式

"几何公差样式"工具可对几何公差符号和文本进行设置，来改变其显示风格，包括"引线和边框""比例"及"文本"等。当有多个几何公差在一起标注时，可选择是否合并相同项。几何公差风格设置如图17-14所示。

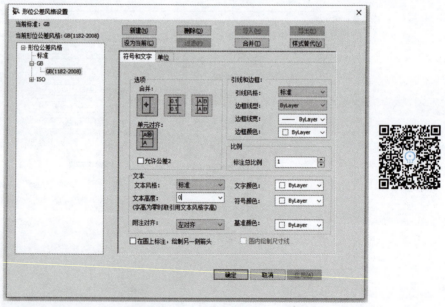

图 17-14

应用实例【17-4】

几何公差样式应用实例如图17-15所示。

【步骤】 在"符号和文字"选项卡中，选择公差值"合并"项→在"引线和边框"选项组中，更改"边框颜色"为"红色"→在"文本"选项组中，更改"符号颜色"为"蓝色"→单击"应用"按钮即可看到更改效果，如图17-16所示。

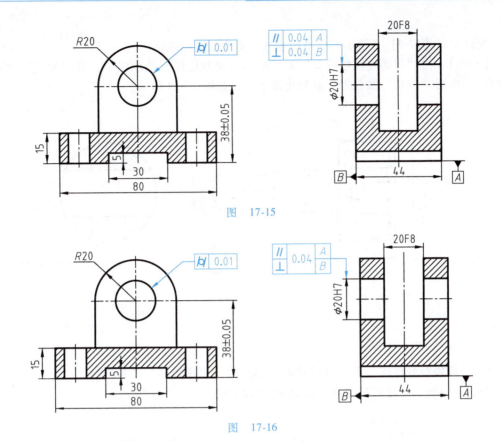

图　17-15

图　17-16

17.1.5　表面粗糙度样式

√ "表面粗糙度样式"工具可对粗糙度标注的"文字""符号属性""引用风格"和"比例"进行设置，从而改变其显示风格。表面粗糙度风格设置如图 17-17 所示。

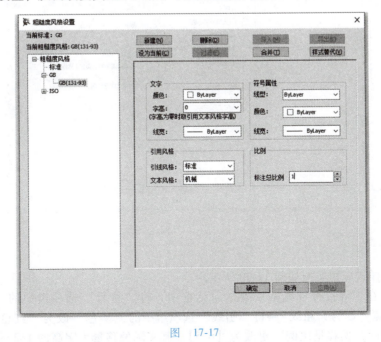

图　17-17

应用实例【17-5】

现以实例【17-2】来演示如何更改表面粗糙度的显示风格。

【步骤】 在"粗糙度风格设置"对话框的"符号属性"选项组中，将"颜色"更改为"红色"→单击"应用"按钮即可看到更改效果，如图17-18所示。

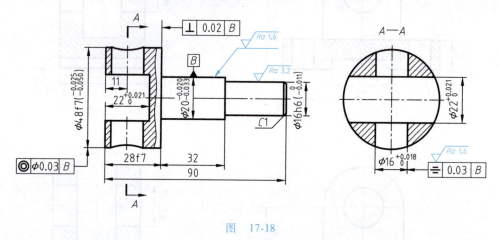

图 17-18

17.1.6 焊接符号样式

"焊接符号样式"工具可以对焊接标注的"引用风格""基准线""符号"和"文字"等进行设置。焊接符号风格设置如图17-19所示。

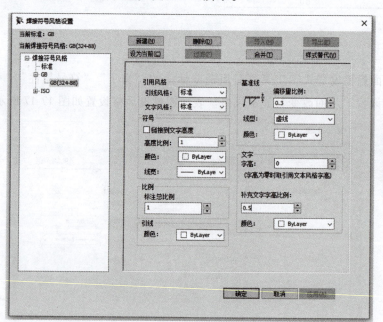

图 17-19

应用实例【17-6】

焊接符号样式应用实例如图17-20所示。

【步骤】 在"焊接符号风格设置"对话框中，将"符号"选项组中的"颜色"改为"蓝色"，"线宽"改为"粗线"→将"引线"选项组中的"颜色"改为"红色"→将"基准线"选项组中的"偏移量比例"更改为【0.5】，其实际偏移量为字高的1/2→单击"应用"

按钮即可看到焊接符号的更改效果，如图17-21所示。

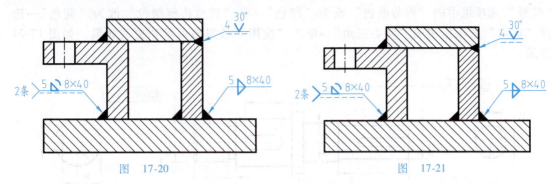

图 17-20　　　　　　　　　　　图 17-21

17.1.7　基准代号样式

"基准代号样式"工具可对基准代号标注时的"符号形式""文本""符号"和"起点"等进行设置。基准代号风格设置如图17-22所示。

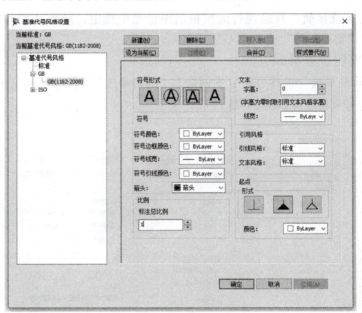

图 17-22

应用实例【17-7】

基准代号样式应用实例如图17-23所示。

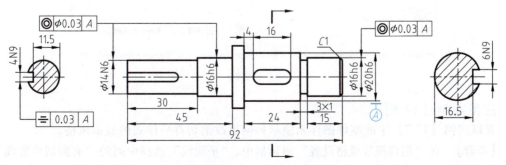

图 17-23

【步骤】 在"基准代号风格设置"对话框中，选择"符号形式"中的"方框"→将"符号"选项组中的"符号颜色"改为"红色"→将"符号边框颜色"改为"蓝色"→选择"起点"选项组中的"实心三角"→单击"应用"按钮即可看到更改效果，如图 17-24 所示。

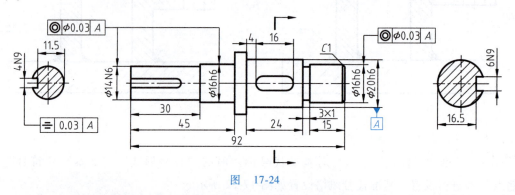

图　17-24

为了与国际标准接轨，我国现行的机械制图标准中规定，基准"符号形式"为方框，"起点形式"为"实心三角"或"空心三角"。

17.1.8　剖切符号样式

"剖切符号样式"工具可对"平面线""剖切基线""箭头"和"文本"等风格进行设置。剖切符号风格设置如图 17-25 所示。

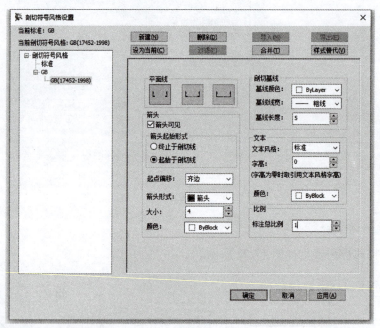

图　17-25

应用实例【17-8】

现以实例【17-7】中的零件图样来演示如何更改剖切符号样式的显示风格。

【步骤】 在"剖切符号风格设置"对话框中，"平面线"选择中间的"有剖切位置线"→将"剖切基线"选项组中的"基线颜色"更改为"红色"→"箭头"选项组中的"箭头起始形式"选择"终止于剖切线"→将"起点偏移"更改为"动态"→单击"应用"按钮即可看到更改效果，如图 17-26 所示。

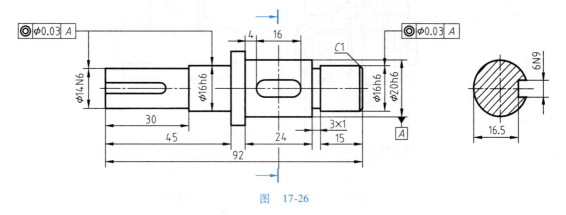

图 17-26

17.1.9 序号样式

"序号样式"工具可对"引出序号格式""文本样式""线型及颜色"和"特性显示"等进行设置。序号样式设置如图 17-27 所示。

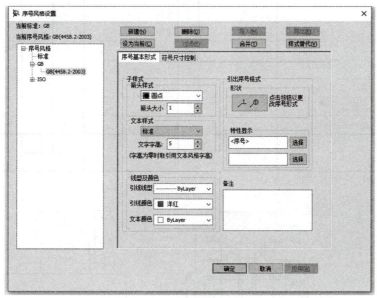

图 17-27

应用实例【17-9】

序号样式应用实例如图 17-28、图 17-29 所示。

【步骤1】 在"序号基本形式"选项卡中，将"箭头样式"更改为"圆点"，"箭头大小"设置为【2】→将"引线颜色"更改为"红色"，"文本颜色"更改为"蓝色"→在"特性显示"选项组中，单击"选择"按钮→在弹出的窗口中选择"名称"，即在序号之后添加"名称"显示→单击"应用"按钮即可看到更改效果，如图 17-30 所示。

零件序号与明细栏中的编号是对应的，在明细栏处于编辑状态时，通过给编号前添加表17-1 中相应符号的方法可改变序号外框，或者通过单击"序号文字外框"的方法，使得零件序号和明细栏中的序号出现不同的格式。

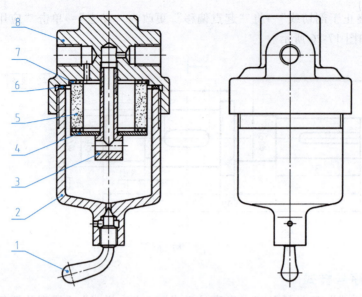

图　17-28

8	阀体	GL—08	1	ZL102	0.218		
7	密封垫	GL—07	2	橡胶	0.002	0.004	
6	垫圈	GL—06	1	橡胶	0.001		
5	多孔陶瓷管	GL—05	1	陶瓷	0.069		外购
4	盖板	GL—04	1	Q235	0.022		
3	空心螺钉	GL—03	1	Q235	0.035		
2	分离容器	GL—02	1	HT200	0.186		
1	针型阀杆	GL—01	1	Q235	0.022		
序号	名称	代号	数量	材料	单件	总计	备注
					重量		

图　17-29

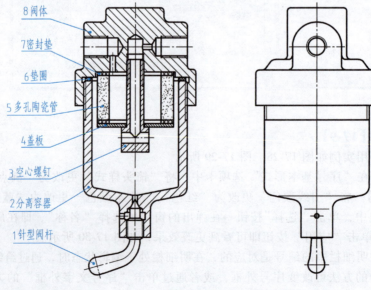

图　17-30

表 17-1 第一位符号使用说明

符号	使用说明
~	序号及明细栏中均显示为六角
!	序号及明细栏中均显示有小下画线
@	序号及明细栏中均显示为圈
#	序号及明细栏中均显示为圈下加下画线
$	序号显示为圈,明细栏中显示没有圈

【步骤2】 单击"填写明细栏"工具进入窗口→选中所有编号→单击窗口中的"设置序号文字外框",并选择"6"样式→单击"应用"按钮即可看到更改效果,如图 17-31 所示。

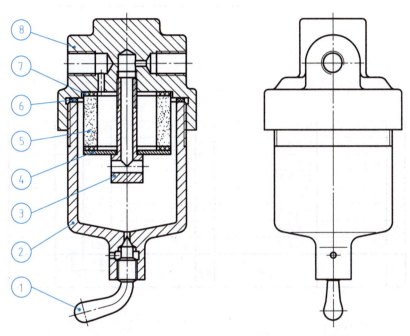

图 17-31

17.1.10 明细栏样式

"明细栏样式"工具可对明细栏中各要素进行设定,如"定制表头""颜色"与"线宽"等。明细栏风格设置如图 17-32 所示。

应用实例【17-10】

现以实例【17-9】来演示如何更改明细栏的显示风格。

【步骤】 在"代号"项上单击鼠标右键,在弹出的窗口中选择"上移",将其移动至"名称"项之前→单击"应用"按钮即可看到更改效果,如图 17-33 所示。

17.1.11 表格样式

"表格样式"工具可对"表格方向""单元样式""特性"和"页边距"等要素进行设置。在工程图样中,某些参数往往需要通过表格形式来表达。表格风格设置如图 17-34 所示。

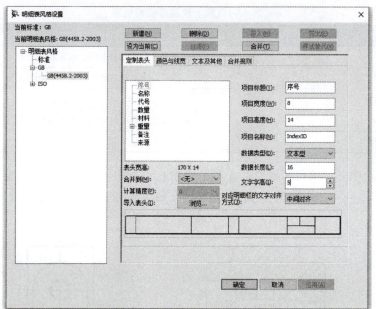

图　17-32

8	GL-08	阀体	1	ZL102	0.218		
7	GL-07	密封垫	2	橡胶	0.002	0.004	
6	GL-06	垫圈	1	橡胶	0.001		
5	GL-05	多孔陶瓷管	1	陶瓷	0.069		外购
4	GL-04	盖板	1	Q235	0.022		
3	GL-03	空心螺钉	1	Q235	0.035		
2	GL-02	分离容器	1	HT200	0.186		
1	GL-01	针型阀杆	1	Q235	0.022		
序号	代 号	名 称	数量	材 料	单件	总计	备 注
					重量		

图　17-33

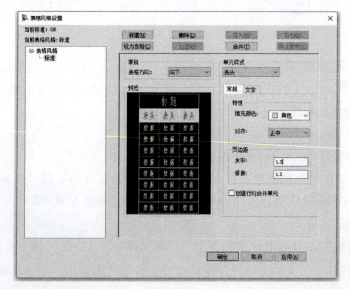

图　17-34

应用实例【17-11】

表格样式应用实例如图 17-35 所示。

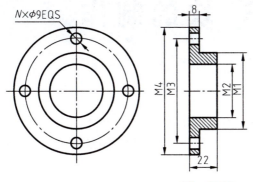

图 17-35

该压紧套零件是一个系列产品，其 M1～M4 直径尺寸及均布孔的个数 N 随着系列的不同而不同，所以用一个表格能够反映出这个零件的系列产品。

【步骤】 在"表格风格设置"对话框中，将"常规"选项组中的"表格方向"更改为"向上"→在"单元样式"选项组中选择"标题"，修改"文字颜色"为"红色"→选择"表头"项，修改"填充颜色"为"青色"→将"表头、数据"中的文本颜色更改为"蓝色"→单击"应用"按钮即可看到更改效果，如图 17-36 所示。

90	72	130	170	8
75	57	115	155	6
60	42	100	140	4
M1	M2	M3	M4	N
压紧套系列参数				

图 17-36

17.2 标准管理

"标准管理"工具可以对四种标准（GB/ISO/JIS/ANSL）中各要素的标注风格进行相关设置。而"样式管理"工具只能对当前使用标准中的各要素风格进行相关设置。每一个标准中包含标注、表面粗糙度、焊接符号、几何公差、基准代号、剖切符号、序号、明细栏、引出说明和锥度/斜度等多种标准元素。标准管理设置如图 17-37 所示，常见标准类型见表 17-2。

进入"标准管理"对话框后，可选择一种标准，然后双击相应标准要素进行设置。设置方法与"样式管理"工具中各种样式的设置方法相同，这里不再赘述。

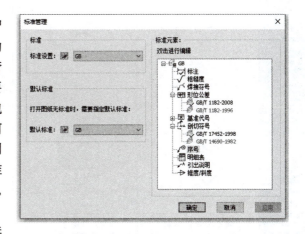

图 17-37

表 17-2 常见标准类型

GB	中国标准	ISO	国际标准
JIS	日本标准	ANSL	美国

项目18 块的制作

工程图样中有些对象经常一起出现，可以将其制作成一个整体，这个整体被称为块，它通常是由多种图素对象组合而成的复合型图形实体，可以包含图素、文本、尺寸标注和图片等对象，且具有以下特点：

1）块可以被打散，图形元素可独立编辑。

2）块可以方便实现一组图形对象间的层叠遮挡关系。

3）块可以方便实现一组图形对象的关联引用。

4）块可以存储与该块相联系的非图形信息。

5）块中的图形可以保留图层、颜色、线型或线宽设置。

本项目将讲解表 18-1 所列 10 种块工具，它们位于"插入"选项卡的"块"面板中。

表 18-1　块工具

图标	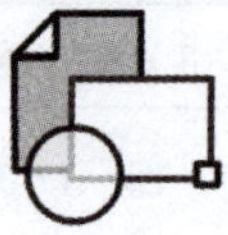	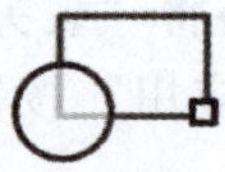		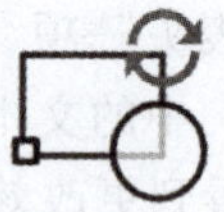
名称	块插入	创建块	属性定义	更新块引用属性
图标	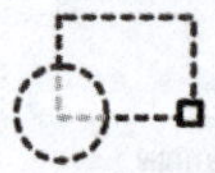			
名称	消隐	块编辑	块在位编辑	块扩展属性定义
图标		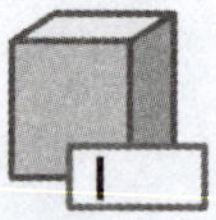		
名称	块扩展属性编辑	重命名		

18.1　块　插　入

"块插入"工具用于在绘图区中插入已经创建好的块。插入时可以设置其"比例""旋转角"等参数，以适应不同的绘图需求，如图 18-1 所示。

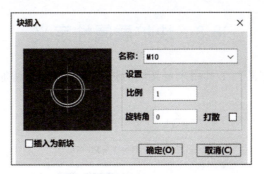

图 18-1

18.2 创 建 块

"创建块"工具用于创建新的块。创建时需指定其插入时的基准点，同时要对新块进行命名，其名称必须是唯一的。

18.3 属 性 定 义

"属性定义"工具用来在块中创建可变的文本数据信息区。

18.4 更新块引用属性

"更新块引用属性"工具用来更新指定块的引用属性。

18.5 消 隐

"消隐"工具用来改变块与其他对象之间的层叠遮挡关系。有封闭区域的块才能产生遮挡效果。当块拥有多个封闭区域时，各个区域最好直接相连，否则有时不一定能产生需要的遮挡效果，需采用其他手段进行处理。

18.6 块 编 辑

"块编辑"工具用来在打开的块编辑窗口中对指定块进行编辑。

18.7 块在位编辑

"块在位编辑"工具用来在当前窗口中对指定块进行编辑。此时绘图窗口中的其他对象灰显，处于不可编辑状态，但可以使用"添加到块内"工具" "将其添加到块内，或使用"从块内移出"工具" "将块内的某些图素从块内移出到绘图窗口中。

18.8　块扩展属性定义

"块扩展属性定义"工具用来定义块的扩展属性，可以增加或删除相关属性项，如图 18-2 所示。

图　18-2

18.9　块扩展属性编辑

"块扩展属性编辑"工具用来给指定块的相关属性添加属性内容。

18.10　重 命 名

"重命名"工具用来对块进行重命名。

18.11　块综合应用

应用实例【18-1】
块综合应用实例如图 18-3 所示。

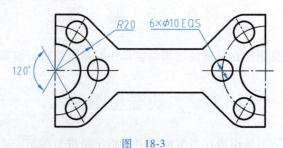

图 18-3

图中有 6 个 $\phi10$ 均布圆孔，如果将其改为倒角孔，则需重复 6 次绘图操作，如果将其制作成块，则可一次完成对所有孔的修改。

【步骤1】 在绘图区中绘制一个 $\phi10$ 圆孔及中心线→使用"创建块"功能将其创建成名为"$\phi10$ 倒角孔"的块→将 6 个块放置在图示位置上，如图 18-4 所示。

【步骤2】 使用"块编辑"或"块在位编辑"功能，在其中添加一个 $\phi12$ 的圆，退出编辑窗口后即可得到需要的结果，如图 18-5 所示。

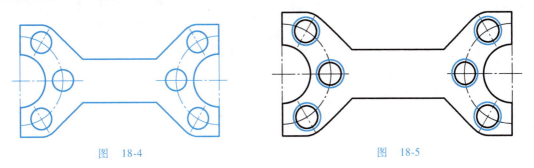

图 18-4　　　　　　　　　　　　　　　　图 18-5

应用实例【18-2】

块综合应用实例如图 18-6 所示。如果将该电路图中电阻、电表等要素制作成块，将使绘图工作更加方便。

【步骤1】 先用"矩形"工具绘制出电路，为了使电阻位置放置方便准确，可将矩形分解，并对电阻放置边使用"点"工具的"等分点"功能进行六等分，如图 18-7 所示。

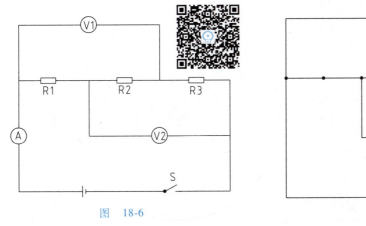

图 18-6

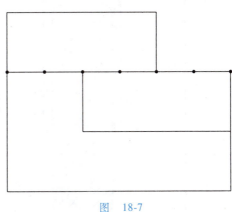

图 18-7

【步骤2】 在任意位置绘制电表 $\phi7$ 圆→使用"属性定义"功能，在其对话框的"名称"项中输入"电表名称"，"缺省值"中输入"A"（也可以不输入），定位方式选择"搜索边界"→单击"确定"按钮→单击该圆，如图 18-8 所示。

图 18-8

【步骤3】 使用"创建块"工具，选中所有对象后，将圆心指定为基准点→将块命名为"电表"→单击"确定"按钮后弹出"属性编辑"对话框，确保属性值正确，将其放置在图中位置上，如图 18-8 所示。

【步骤4】 使用"插入块"工具，在图示位置放置电压表，并将属性值分别更改为"V1"和"V2"。

【步骤5】 使用"消隐"工具，分别单击三个电表，使其遮挡住导线。

【步骤6】 同理制作电阻块，进行"属性定义"时，其定位可使用"指定两点"方式，创建成块后将其放置至图示位置，并更改其属性值分别为"R1""R2""R3"，并使用"消隐"工具使之产生遮挡效果。

【步骤7】 用两倍线宽绘制直流电源，因为其没有封闭轮廓，所以不能产生消隐效果。可以在"隐藏层"绘制一个矩形，既能产生消隐效果，又能使之不可见，如图 18-9 所示。

【步骤8】 同理制作开关，并使用"消隐"工具使之产生遮挡效果，最终需让"隐藏层"处于不可见状态，如图 18-10 所示。

图 18-9　　图 18-10

应用实例【18-3】

块综合应用实例如图 18-11 所示。

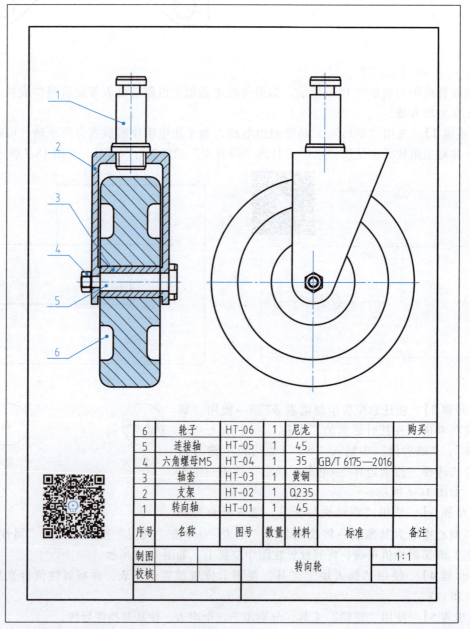

6	轮子	HT-06	1	尼龙		购买
5	连接轴	HT-05	1	45		
4	六角螺母M5	HT-04	1	35	GB/T 6175—2016	
3	轴套	HT-03	1	黄铜		
2	支架	HT-02	1	Q235		
1	转向轴	HT-01	1	45		
序号	名称	图号	数量	材料	标准	备注
制图				转向轮		1:1
校核						

图 18-11

【步骤1】　根据装配图的明细栏中表头信息，使用"块扩展属性定义"工具定义块的序号、名称、图号、数量、材料、标准和备注 7 种属性。

【步骤2】　绘制各零件的相关视图，并将其每个视图保存成一个块，如图 18-12 所示。

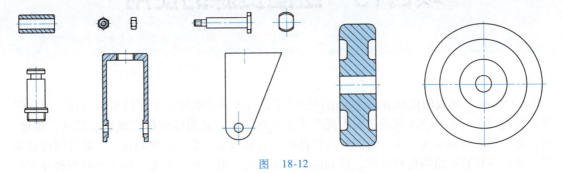

图　18-12

【步骤3】　根据明细栏中零件的详细信息，使用"块扩展属性编辑"工具为图中带序号的块填写属性内容。

【步骤4】　将各块按图样位置进行摆放，并使用"消隐"工具依次单击最底层至最上层的各块，使之达到图样中的遮挡效果。

【步骤5】　使用"图幅"功能区选项卡的"序号"面板中的"生成序号"工具，按照从小至大的顺序依次进行序号的标注。序号必须指到相应块的组成对象上，块的相关属性才能被提取出来，并自动填写到明细栏中。标注序号后可以更改序号标注点的位置。

项目19 绘图资源的使用

CAXA 电子图板的机械版软件为用户提供了包含大量标准件、常用图形及零件特征的图库，使用时可直接从图库调用，大大减少了重复性工作。常用标准件有螺栓、螺柱、螺母、销、键、弹簧和轴承等，常用的图形及零件特征有轴截面、套筒和中心孔等。软件同时还提供了表达零件特征结构的构件库，比如洁角、止锁孔、退刀槽、滚花、圆角和越程槽等零件特征结构，让用户可以轻松、快速地完成设计工作。

19.1 构 件 库

构件库包含了一些常用的参数化零件结构，这些结构的绘制进行了参数化优化，使零件的结构绘图工作更加便捷。在使用构件库时，应广义理解各参数结构，比如可以把孔理解为轴、洁角理解为凸台等，这样才能更加灵活地使用各种功能。下面将通过多个实例来讲解构件库中部分功能的使用方法。实例中的绘图方法是为了讲解构件库中的某些功能，所以有时略显烦琐，在实际绘图中则可以更加简洁，用户应深入总结。构件库位于"插入"功能区选项卡的"图库"面板中。

19.1.1 单边洁角
应用实例【19-1】
单边洁角应用实例如图 19-1 所示。

【步骤1】 使用"孔/轴"功能中的"轴"方式，水平绘制外径为【30】、内径为【20】、长度为【35】的轴套结构，如图 19-2 所示。

【步骤2】 使用"构件库"中的"单边洁角"功能，在立即菜单中设置"槽深度 D【7】、槽宽度【10】"→单击上素线及左侧端线。同理绘制下部洁角，如图 19-3 所示。

【步骤3】 继续使用该功能，设置"槽深度 D【1】、槽宽度【3】"→单击图 19-4 所示角部端线及素线。

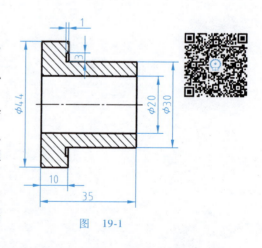

图 19-1

【步骤4】 调整轴肩端线长度后填充剖面线，即可完成绘图，如图 19-5 所示。

图 19-2

图 19-3

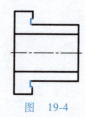

图 19-4

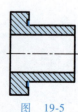

图 19-5

19.1.2　两边洁角
应用实例【19-2】

两边洁角应用实例如图 19-6 所示。

【步骤1】 使用"孔/轴"功能中的"轴"方式，将中心线角度设置为【90】，向上绘制外径为【60】、长度为【35】段→向下绘制"起始直径"为【42】、"终止直径"为【22】、"长度"为【10】段，使"V形角"为【90】度→裁剪并删除多余段，如图 19-7 所示。

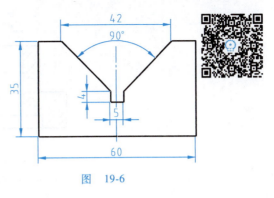

图　19-6

【步骤2】 使用"构件库"中的"两边洁角"功能，在立即菜单中设置"槽深度 D【4】、槽宽度 W【5】"→单击两斜线，完成 V 形铁的绘制，如图 19-8 所示。

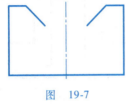

图　19-7

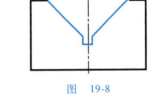

图　19-8

19.1.3　止锁孔
应用实例【19-3】

止锁孔应用实例如图 19-9 所示。

【步骤1】 使用"两点线"功能，连续绘制出外轮廓，如图 19-10 所示。

【步骤2】 使用"构件库"中的"单边止锁孔"功能，在立即菜单中设置"孔半径 R【3】"→依次单击止锁孔处的铅垂线和水平线，绘制出单边止锁孔，如图 19-10 所示。

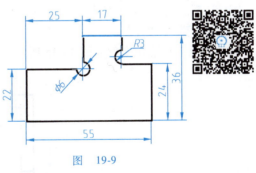

图　19-9

【步骤3】 使用"构件库"中的"双面止锁孔"功能，在立即菜单中设置"孔半径 R【3】"→单击止锁孔的两边，完成双面止锁孔的绘制，如图 19-11 所示。

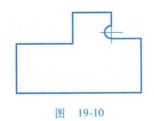

图　19-10

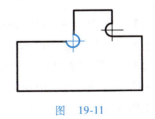

图　19-11

19.1.4　孔根部退刀槽
应用实例【19-4】

孔根部退刀槽应用实例如图 19-12 所示。

【步骤1】 使用"孔/轴"功能的"轴"方式，将中心线角度设置为【90】，绘制图 19-13 所示轮廓，并裁剪掉多余部分。

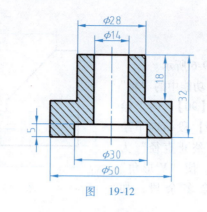

图 19-12

【步骤2】 使用"构件库"中的"孔根部退刀槽"功能,设置"槽直径 W【30】、槽深度 D【5】"→单击孔两素线后单击孔端线,绘制出孔根部的退刀槽,如图 19-14 所示。

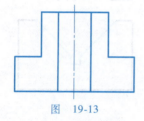

图 19-13

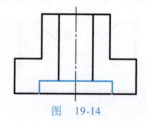

图 19-14

19.1.5 孔中部退刀槽
应用实例【19-5】

孔中部退刀槽应用实例如图 19-15 所示。

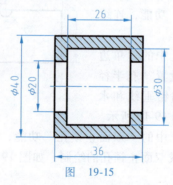

图 19-15

【步骤1】 使用"孔/轴"功能中的"轴"方式,水平绘制外径为【40】、内径为【20】、长度为【36】的轴套结构,如图 19-16 所示。

【步骤2】 使用"构件库"中的"孔中部退刀槽"功能,在立即菜单中设置"槽直径 W【30】、槽深度 D【26】、槽端距 L【5】"→单击孔两素线后单击孔端线,绘制出孔中部退刀槽,如图 19-17 所示。

图 19-16

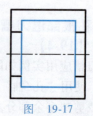

图 19-17

19.1.6　孔中部圆弧退刀槽
应用实例【19-6】
孔中部圆弧退刀槽应用实例如图19-18所示。

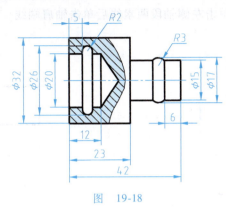

图　19-18

【步骤1】　使用"孔/轴"功能中的"轴"方式，水平绘制零件的内外轮廓，如图19-19所示。

【步骤2】　使用"构件库"中的"孔中部圆弧退刀槽"功能，在立即菜单中设置"槽端距L【6】、槽深度D【1】、圆弧半径R【3】"→单击右侧轴段两素线后单击轴端线，绘制出孔中部圆弧退刀槽（此处将轴理解为孔），如图19-19所示。

【步骤3】　继续使用该功能，设置"槽端距L【5】、槽深度D【3】、圆弧半径R【2】"→单击左侧孔两素线后单击轴左侧孔端线，绘制出孔中部圆弧退刀槽，如图19-20所示。

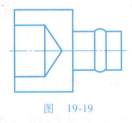

图　19-19

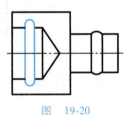

图　19-20

19.1.7　轴端部退刀槽
应用实例【19-7】
轴端部退刀槽应用实例如图19-21所示。

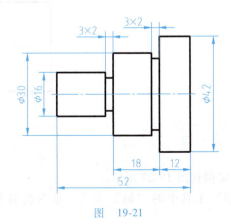

图　19-21

【步骤1】　使用"孔/轴"功能中的"轴"方式，水平绘制零件的外轮廓，如图19-22所示。

【步骤2】　使用"构件库"中的"轴端部退刀槽"功能，在立即菜单中设置"槽宽度W【3】、槽深度D【2】"→单击左侧轴段两素线后单击轴肩端线，同理绘制出另一个轴段的退刀槽，如图19-23所示。

图　19-22　　　　　　　　图　19-23

19.1.8　轴中部退刀槽
应用实例【19-8】
轴中部退刀槽应用实例如图19-24所示。

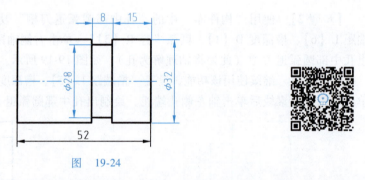

图　19-24

【步骤1】　使用"孔/轴"工具中的"轴"方式，水平绘制单一轴段外轮廓，如图19-25所示。

【步骤2】　使用"构件库"中的"轴中部退刀槽"功能，在立即菜单中设置"槽深度D【2】、槽宽度W【8】、槽端距L【15】"→单击轴段两素线后单击右侧端线，完成轴中部退刀槽的绘制，如图19-26所示。

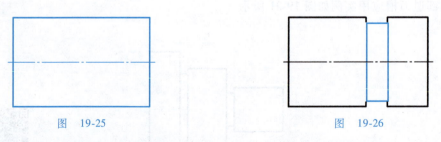

图　19-25　　　　　　　　图　19-26

19.1.9　轴中部角度退刀槽
应用实例【19-9】
轴中部角度退刀槽应用实例如图19-27所示。

【步骤1】　使用"孔/轴"工具中的"轴"方式，水平绘制不含角度退刀槽的各个轴段，如图19-28所示。

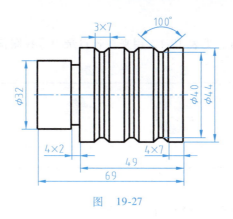

图　19-27

【步骤2】　使用"构件库"中的"轴中部角度退刀槽"功能，在立即菜单中设置"槽宽度 W【7】、槽深度 D【2】、槽端距 L【7】、开槽角度 A【40】"→单击右侧轴段两素线后单击右侧端线，同理绘制出其余轴中部角度退刀槽，如图 19-29 所示。

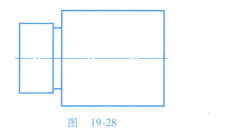

图　19-28

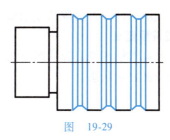

图　19-29

19.2　图　　库

系统将常用的一组或多组图素、零件或部件组合成图库，方便绘图时调用和驱动，大大减少了常用结构及零部件的绘图时间，提高了设计速度，使设计人员能够专心于设计工作，而不是绘图工作。

图库窗口用来寻找图库中的图符资源，在功能区空白处单击鼠标右键可以打开或关闭图库窗口，如图 19-30 所示。

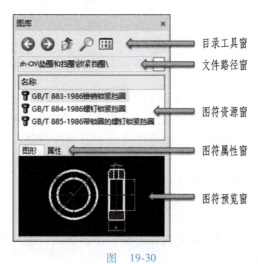

图　19-30

1. 目录工具窗

该窗口提供了 5 种工具，见表 19-1，用来在各目录中寻找图符资源。

表 19-1　目录工具窗口工具

图标	←	→	⬆	🔍	⊞
名称	后退	前进	向上	查找	浏览

2. 文件路径窗

用来显示当前图符资源所在路径位置。

3. 图符资源窗

用来显示当前位置包含的图符资源数量及名称。

4. 图符属性窗

用来显示当前图符资源的详细属性信息。

5. 图符预览窗

用来预览当前图符资源的图形信息。在该窗口中单击鼠标右键可以放大图形，双击左键则还原至全部显示状态。

19.3　图符的种类

19.3.1　固定图符（非参数化图符）

固定图符不能进行驱动，它的组成图素不存在驱动参数，只能调整其整体比例，常用在表达工作原理的示意图中，如图 19-31 所示。双击或按住左键拖入窗口即可提取固定图符。

19.3.2　参数化图符

这种图符的组成图素拥有驱动的参数，可根据需要进行参数选择及变量设置，以更改参数化图符的大小。

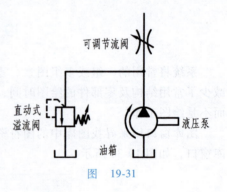

图　19-31

19.4　图符预处理及变量

图符中图素的大小是由尺寸参数驱动的，尺寸参数分为常量、系列变量和动态变量三种。在进行图符预处理时，这些值都可通过键盘输入进行更改，但常量通常不做变动，系列变量也只做选择，动态变量则可在一定的范围内设定其具体数值，如图 19-32 所示。

19.4.1　系列变量

系列变量拥有一系列数值可供选择，也可以自行输入，双击单元格、单击鼠标右键、按<F2>键都可进行键盘输入。其标识为星号" * "。

19.4.2　动态变量

动态变量是指尺寸值不限定，不做选择时则使用默认值，也可以自行输入，与系列变量的输入方法相同。其标识为问号"?"。

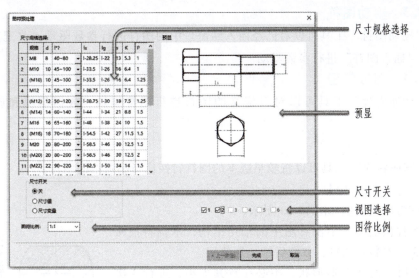

图　19-32

19.5　图符工具

19.5.1　插入图符

"插入图符"工具可以插入用户自定义的图符。

19.5.2　定义图符

"定义图符"工具可以根据用户的需求，将绘制的图形结构定义成图符，方便在以后的绘图过程中继续使用。可以定义固定图符，也可以定义参数化图符。固定图符定义较为简单，这里不做讲解。在定义参数化图符时，首先绘制出所要定义的图形，然后进行必要的尺寸标注，并要注意以下几点：

1）尽量使用导航功能进行绘图，使图素之间产生一定的关系。

2）用尽量少的尺寸参数来表达图符，其他尺寸可使用换算关系确定。

3）绘制剖面线时，必须对每个封闭的剖面区域都单独用一次剖面线命令。

定义图符时经常要根据图形的特点进行函数运算，系统支持的函数有 13 种，常用的数学函数及运算符分别见表 19-2、表 19-3。

表 19-2　常用数学函数

函数	种类	说明
三角函数	$\sin(x)$、$\cos(x)$、$\tan(x)$	变量采用角度值
反三角函数	$\operatorname{asin}(x)$、$\operatorname{acos}(x)$、$\operatorname{atan}(x)$	计算结果为角度值
平方根	$\operatorname{sqrt}(x)$	计算结果为算术平方根
绝对值	$\operatorname{fabs}(x)$	求某个数的绝对值

表 19-3　常用运算符

运算符	（ ）	*、√	+、-	^	%
说明	圆括号	乘除	加减	幂	余数

19.5.3 驱动图符

"驱动图符"工具可以对已经插入到窗口中的图符进行参数驱动,改变其大小,也可以双击"插入图符"进行参数驱动。

19.5.4 图库管理

"图库管理"工具可以对自定义的图符进行图符编辑、数据编辑和属性编辑等操作。

19.5.5 图库转换

"图库转换"工具可以将较早版本的图符转换成当前版本的图符。

应用实例【19-10】

定义图符应用实例如图 19-33 所示。

在系统提供的图库中没有图中的轴用结构,本例将把所绘图形定义为参数化图符,方便后续长期使用。

【步骤 1】 绘制图形形状,不必在意其大小,进行 4 次剖面线填充,并标注尺寸,如图 19-34 所示。

【步骤 2】 使用"定义图符"功能,在提示选择第 1 视图时,框选图形及尺寸→选择圆心作为视图的基准点→单击直径尺寸,将其命名为变量【d】,同理将高度尺寸命名为变量【h】→连续单击鼠标右键确认,直至弹出"元素定义"对话框,如图 19-35 所示。

图 19-33

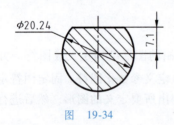

图 19-34

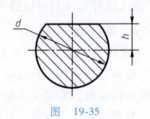

图 19-35

【步骤 3】 因为图形上端直线的端点坐标需要多次计算,比较烦琐,可以增加一个中间变量,将其命名为【x】(也可命名为其他名称),并按图 19-36 所示输入其变量定义表达式。

【步骤 4】 单击"下一元素"按钮或用鼠标在左侧窗口中单击任意图素,对其相关参数进行设定。设定 4 个剖面线区域定位点时,应使其坐标值靠近原点,可以用变量来表示。

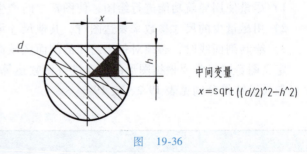

中间变量
$x = sqrt((d/2)\hat{\ }2 - h\hat{\ }2)$

图 19-36

设定完所有图素后单击"下一步"按钮,进入"变量属性定义"对话框。默认变量都为常量,继续单击"下一步"按钮,在弹出的"图符入库"对话框中,新建类别,并为该图符进行命名。单击"数据编辑"按钮,进入"标准数据录入与编辑"对话框,根据需要进行合理的数据录入,可以录入多组常用数值。最后单击"完成"按钮,完成参数化图符的定义入库。

【步骤 5】 使用"插入图符"功能,进行图符预处理后即可将其插入到窗口中,在图形预处理时也可根据需要更改变量的数值。

应用实例【19-11】

图库使用应用实例如图 19-37 所示。

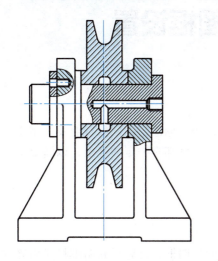
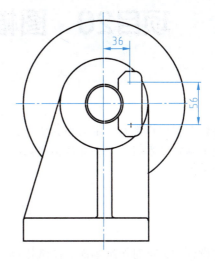

图 19-37

本实例为定滑轮装置，除螺栓及油杯为标准件外，其余都为非标零件。假设都已绘制完成，现只需添加所缺标准件：螺栓 M10×20（GB/T 5783—2016 六角头螺栓 全螺纹，B 级）和油杯 M16（JB/T 7940.3—1995 旋盖式油杯，B 型）。

【步骤 1】 在图库中找到需要的螺栓，将其拖入绘图窗口中，松开鼠标左键后即可在"图符预处理"窗口中选择需要的螺栓规格，单击"完成"按钮后，即可将其放置在图 19-38 所示位置上。

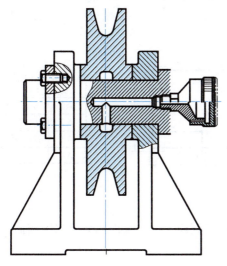
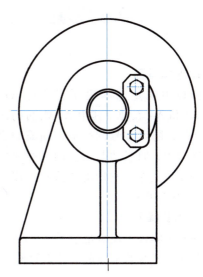

图 19-38

【步骤 2】 主视图中下方螺栓的螺纹部分不应显示出来，可使用"编辑块"功能，将其螺纹部分删除，但其仍是参数化图符，可以再次驱动图符。如果其他零件制作成了块，也可以使用块的"消隐"功能对其进行遮挡，使其螺纹部分不可见，如图 19-38 所示。

【步骤 3】 使用图库上方的"搜索"功能找到油杯，进行图符预处理后，将其放置在图 19-38 所示位置，即可完成装配图中标准件的制作。

项目20　图幅与图框设置

任何一张工程图样都有一定的格式要求，国家制定了相关标准，不同的行业及大型企业在此基础上也制定了本行业或企业的格式标准，对图幅与图框都有一定的规定，以满足本行业或企业的需求。

20.1　图幅设置

在图幅设置中，可对图纸幅面、图纸比例、图纸方向、图框、标题栏和明细栏风格等进行选择和设置，从而完成幅面的设置。

20.1.1　图纸幅面

图纸幅面简称图幅，指的就是图纸整个幅面的大小。最新国标中规定，图幅有三种规格，如图20-1所示。

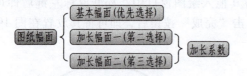 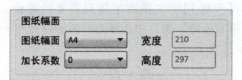

图　20-1

1. 基本幅面

国标中规定基本幅面有A0、A1、A2、A3和A4五种，其中A0幅面的面积为$1m^2$，随着编号的增加，幅面的面积依次减半，且长边与短边的尺寸保持一定的比例关系，它们的关系及具体尺寸如图20-2所示。

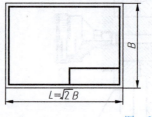

图　20-2

图幅代号	尺寸/mm($B \times L$)
A0	841×1189
A1	594×841
A2	420×594
A3	297×420
A4	210×297

2. 加长幅面

在基本幅面不能满足绘图需求时，可以选择加长幅面。加长幅面只能沿基本幅面的长边成倍加长。各加长幅面的加长系数见表20-1。

表 20-1　加长幅面的加长系数

基本幅面	加长幅面一的加长系数	加长幅面二的加长系数
A0		2、3
A1		3、4
A2		3、4、5
A3	3、4	5、6、7
A4	3、4、5	6、7、8、9

20.1.2　图纸比例与图纸方向

图纸比例就是绘图比例，是视图中图形与其对应实物要素的线性尺寸之比。

图纸方向有横放和竖放两种方式，应根据绘制零件的视图布局进行选择，保证图样布局美观，并合理利用图纸空间，如图20-3所示。

20.1.3　调入图框

为了方便用户使用，系统中内设了一些常用的图框样式，用户只需轻松选择调入即可。当然用户也可以定制所需的图框。常见图框样式如图20-4所示。

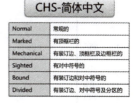

图　20-3　　　　　　　　　　　　　　　图　20-4

20.1.4　参数定制图框

有时系统中的配置图框不能满足用户需求，此时用户可以使用参数化方式进行图框的定制，而无须从头绘制，给图框的定制带来了方便。可以选择有无装订边、有无剪切符号、有无对中符号及是否分区等。

20.1.5　调入标题栏等

系统中配置了常用的标题栏、顶框栏、边框栏，用户可以轻松调用，也可以调用自定义的标题栏和顶框栏等。对于装配图还可以选择明细栏及序号的当前风格。

20.2　图框功能

系统提供的5种图框操作工具见表20-2。

表 20-2　图框操作工具

功能图标	功能名称	功能说明
	调入图框	可选择调入系统配置的或用户自定义的图框,一张图纸只能调入一个图框,后调入的图框将替代之前的图框
	定义图框	用户可根据需要绘制特定的自制图框,进行属性定义后即可将其定义为图框
	填写图框	可填写图框中非图形化的文本信息,图框中一般填写的文本信息较少
	编辑图框	如果图框中缺少某些图素或文本信息,可以使用该功能进行补充和完善
	储存图框	对需长期使用的图框,可使用该功能进行存储,便于之后快速调用

应用实例【20-1】

某人长期为不同行业和企业绘制 A4 竞赛图纸，需制作图 20-5 所示图框。

图　20-5

【步骤1】　用细实线绘制【297×210】矩形图纸边界线（边界线打印时不用输出，所以可将其放置在隐藏层中），用粗实线绘制【267×200】矩形图框线，装订边宽度为【25】，先不绘制对中符号，如图 20-6 所示。

【步骤2】　使用"文字"工具书写"主办方""承办方"文字，字高设定为【3.5】，旋转角设定为【90】，并放置在图 20-6 所示位置。（图框中的"主办方""承办方"文字不会发生变化，可以使用"文字"工具制作，但是具体标题名称及单位名称都会发生变化，所以需用"块"面板中的"属性定义"工具来制作。）

【步骤3】　使用"插入"功能区选项卡"块"面板中的"属性定义"工具，将属性名称填写为"标题"，定位方式采用"单点定位"，文本对齐方式设定为"中间对齐"，字高设定为【7】，旋转角度设定为【90】，并放置在图 20-6 所示位置。

【步骤4】　同理，使用"属性定义"工具制作主办方及承办方的单位名称，分别命名为"主办方名称""承办方名称"（也可选用其他名称），字高与前方文本保持一致。制作完如图 20-6 所示（为了书面布局，将图沿顺时针方向旋转了 90°）。

标题　　　　　　　　　　　　　主办方：主办方名称
　　　　　　　　　　　　　　　承办方：承办方名称

图　20-6

【步骤5】　使用"图幅"功能区选项卡"图框"面板中的"定义图框"工具"⬚"→框选所有对象后，将基准点设定在图纸中心处，在弹出的"另存为"对话框中，将其命名为"暂存.cfm"（为了讲解其他功能，后续需要修改），如图20-7所示。

【步骤6】　如果需要绘制对中符号，可以使用"图幅"功能区选项卡"图框"面板中的"编辑图框"工具"⬚"→单击图框进入块编辑状态→用粗实线绘制对中符号，伸入图框内部的长度为【5】，然后退出块编辑状态→使用"储存图框"工具"⬚"，将图框储存为"竞赛.cfm"，以便于在其他图纸中调用该图框，如图20-7所示。

图　20-7

【步骤7】　使用"图幅"功能区选项卡"图框"面板中的"填写图框"工具"⬚"，填写相应属性值后，即可得到所需结果。

20.3　标题栏与参数栏

图框、标题栏、参数栏的制作方式完全一致，只要掌握其中一种的制作方式，就能制作出其余的两种，只是它们各自的放置位置不同，所起的作用不同而已。图框的基准点一般设置在其中心点处，标题栏的基准点一般设置在其右下角点处，参数栏的基准点一般设置在其右上角点处。标题栏与参数栏工具含义见表20-3。

表 20-3　标题栏与参数栏工具

图框工具	标题栏工具	参数栏工具
调入图框	调入标题栏	调入参数栏
定义图框	定义标题栏	定义参数栏
填写图框	填写标题栏	填写参数栏
编辑图框	编辑标题栏	编辑参数栏

（续）

图框工具	标题栏工具	参数栏工具
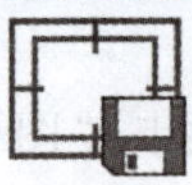 储存图框	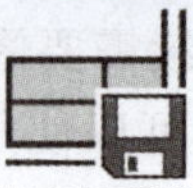 储存标题栏	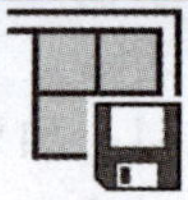 储存参数栏

20.3.1 自定义标题栏
应用实例【20-2】

制作图 20-8 所示竞赛专用标题栏。

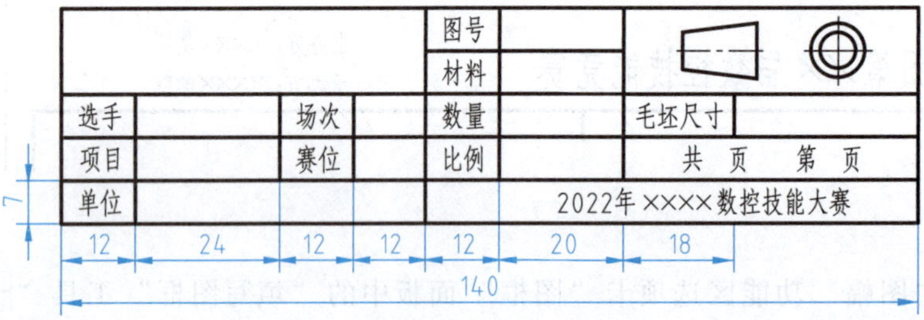

				图号			
				材料			
选手		场次		数量		毛坯尺寸	
项目		赛位		比例		共 页 第 页	
单位				2022年××××数控技能大赛			

12　　24　　12　　12　　12　　20　　18

140

图　20-8

【步骤 1】 用细实线绘制标题栏框，右上角的视角图标可近似绘制，如图 20-9 所示。

【步骤 2】 使用"文字"工具，选用"搜索边界"方式，在对应位置书写相应文字，字高设定为【3.5】，如图 20-9 所示。

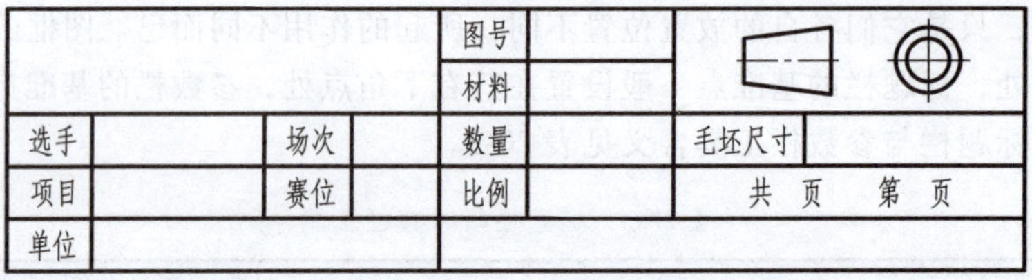

				图号			
				材料			
选手		场次		数量		毛坯尺寸	
项目		赛位		比例		共 页 第 页	
单位							

图　20-9

【步骤 3】 使用"插入"功能区选项卡"块"面板中的"属性定义"工具，将属性名称填写为"赛件名称"，定位方式采用"搜索边界"，文本对齐方式设定为"中间对齐"，字高设定为【5】，单击"确定"按钮后在左上角方框内单击鼠标左键，即可将其放置在该框的中心位置。

【步骤 4】 同理对其他方框进行属性定义，字高设定为【3.5】，名称最好与其标题文本一致，便于后续输入，右下角的赛事项可命名为"赛事名称"，如图 20-10 所示。

【步骤 5】 使用"定义图框"工具"✍"，选中所有对象后，将基准点设定在标题栏

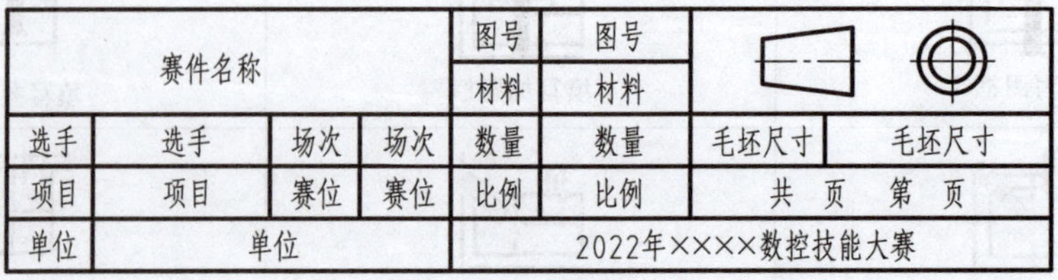

赛件名称		图号	图号		
		材料	材料		
选手	选手	场次	场次	数量	数量	毛坯尺寸	毛坯尺寸
项目	项目	赛位	赛位	比例	比例	共 页 第 页	
单位	单位			2022年××××数控技能大赛	

图　20-10

右下角点处，完成标题栏的定义。

【步骤6】　使用"图幅"功能区选项卡"标题栏"面板中的"填写标题栏"工具""为标题栏填写相应属性值，即可得到所需结果。当然也可以双击标题栏进行属性值填写。

【步骤7】　如果需要对标题栏进行修改，可使用"编辑标题栏"工具""，在块编辑器窗口进行编辑或修改，编辑之后必须使用"储存标题栏"工具""对其修改后的结果进行存储，否则不会保留修改结果。

20.3.2　自定义参数栏
应用实例【20-3】

图20-11所示为某型蜗杆参数栏样式。用户可根据前述方法进行制作，表头及前两列需用"文本"功能进行制作，最后一列需用"属性定义"功能进行制作。

蜗杆参数表		
头数	z_1	1
模数	m	4
压力角	α	20°
导程角	λ	5.71°
分度圆直径	d_1	40
直径系数	q	10.000
中心距	a	92
传动比	i	1:36

图　20-11

20.4　顶框栏与边框栏

顶框栏通常位于图框左上角，主要用于填写反转的图号，也可以用来填写零件的材料组成元素成分及热处理等信息，其长度及宽度根据需求制作，如图20-12所示。

边框栏位于有装订边图纸的左下方，用来填写一些图样的管理信息，它的宽度通常为【25】，行距为【5】，字高为【2.5】，分隔线用细实线绘制，如图20-13所示。

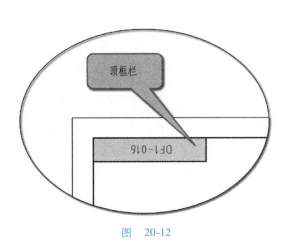

图　20-12

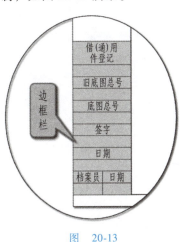

图　20-13

20.4.1　自定义顶框栏
应用实例【20-4】

图20-14所示为某型顶框栏样式。用户可根据前述方法进行制作，对于不变文本需用"文本"工具制作，可变文本应使用"属性定义"工具制作。

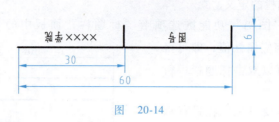

图 20-14

20.4.2 自定义边框栏

应用实例【20-5】

图 20-15 所示为某型院校用边框栏样式。请用户自行制作。

姓名
李云鹏
专业
机电一体化
班级
机电二班
学号
ZG2020-235
班主任
王海

图 20-15

项目21　常用工具的使用

机械 CAD 绘图工作不仅是完成图形的绘制，也要完成文件的存储、转换和打印等文件管理工作，特别是对大量的文件进行管理时，数据转换、文件检索以及设计中心的合理使用显得尤为重要。熟练地掌握这些工具可使用户在软件使用、文件管理等方面的工作变得轻松、高效，比如经常需要将 DWG 文件转换成 EXB 文件，如果转换的方法得当，则会事半功倍。

21.1　打开 DWG 文件

电子图板拥有 DWG 文件的完整读写接口，可直接打开或保存 DWG/DXF 文件。打开的 DWG 文件中，经常会出现原文件中的有些字体在系统默认路径中没有的情况，可下载相应字体并放置到默认路径中，或者浏览找到该字体即可。当然也可用当前列表中的字体进行替代。DWG 格式的文件多使用 SHX 格式的字体，比如 txt. shx、romanc. shx、romans. shx 和 complex. shx 等。

打开 DWG 文件可进行如下操作：

【步骤1】　启动电子图板软件，使用"打开"功能来打开 DWG 文件。

【步骤2】　在弹出的"指定形文件"对话框中，在默认查找路径中未找到提示形文件 txt. shx→单击"浏览"按钮后在相应的字体文件夹下选择 txt. shx 字体，依次找到所有字体后，DWG 文件就能在电子图板软件中打开，且相应字体也被存储至系统中，如图 21-1 所示。

【步骤3】　可将文件"另存为"电子图板 EXB 格式的文件。

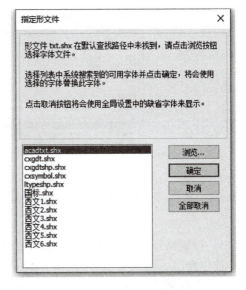

图　21-1

21.2　常用工具

电子图板提供了多种辅助工具（见表 21-1），如文件检索、文件比较、DWG 转换器、清理、数据迁移和模块管理器等，使用这些工具可以更方便地浏览、检索、查询、修改图形、清理多余数据和转换数据格式等，也可以加载二次开发模块。

表 21-1　辅助工具

图标	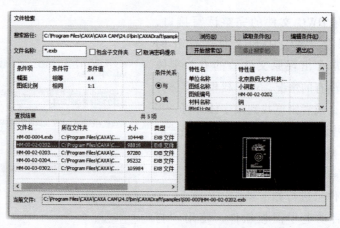		
名称	文件检索	DWG 转换器	数据迁移
图标			
名称	文件比较	清理	模块管理器

21.2.1　文件检索

"文件检索"工具用来查找符合检索条件的相关文件。在对大量文件进行管理时，如果按常规方法寻找某类或某个文件会很困难，通常用户只能记得图样的某些局部信息，此时可以使用文件检索工具按检索条件进行快速查找。

软件可以按指定路径和检索条件进行查找。检索条件可以是文件名、EXB 电子图板格式文件标题栏或明细栏中的属性信息。检索过程中经常会用到星号"＊"，称为通配符，它可以用来代替未知的各种文字及符号，如图 21-2 所示。

图　21-2

1）搜索路径：单击"浏览"按钮，找到文件可能的存放位置。

2）文件名称：用于填写文件名称中的局部信息，可以选择检索时是否检索其子文件夹，是否取消密码提示。

3）编辑条件：根据用户对图样记忆中的碎片化信息来编辑搜索条件，可添加多个搜索条件，以提高文件检索的成功率，如图 21-3 所示。

4）检索条件显示窗口：用来显示查找条件的各项信息，多个条件之间可设置"与""或"的相互关系。

5）搜索执行：执行开始搜索、停止搜索和退出操作。

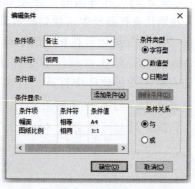

图　21-3

6）查找结果：显示搜索到的文件信息，选中其中某个文件，其文件路径、特性值及文件预览信息都会显示在该窗口中。

21.2.2 DWG 转换器

"DWG 转换器"工具可将 DWG 和 EXB 格式的文件相互批量转换,以方便在不同的软件中使用。可在"工具"功能区选项卡的"工具"面板中单击"DWG 转换器"工具,打开其功能窗口,文件的转换可选择"按文件列表转换"或"按目录转换"两种方式,如图 21-4 所示。"按文件列表转换"是指定一些文件进行转换,"按目录转换"则是将目录中的文件全部进行转换。

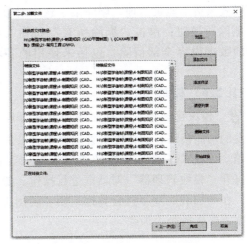

图　21-4

21.2.3 数据迁移

"数据迁移"工具能将旧版本电子图板的用户数据迁移到当前版本。

21.2.4 文件比较

"文件比较"工具能对某一零件或部件的新、旧图样进行对比,使用户快速了解图样的变更情况。可在"工具"功能区选项卡的"工具"面板中打开"文件比较"对话框,如图 21-5 所示。

进行文件比较时根据需要,可灵活选择"比较属性"中需要比较的相关要素,同时也

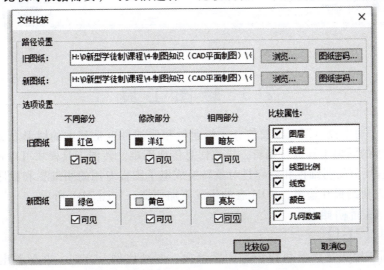

图　21-5

可在"选项设置"中选择其显示的颜色及可见与否。

21.2.5 清理

"清理"工具能够对图样中的无用对象及样式等进行清理，去除不必要的数据，减轻系统负担。可在"工具"功能区选项卡的"工具"面板中打开"清理对象"对话框，如图21-6所示。正在使用的对象及样式风格不能被清理。删除某一选中对象可以单击"删除"按钮；单击"删除所有"按钮会将没有使用的数据内容全部清除，包括未使用的各种样式风格。

21.2.6 模块管理器

"模块管理器"工具能够加载和管理其他二次开发的功能模块，如在模块管理器中可以加载转图工具等。可在"工具"功能区选项卡的"工具"面板中打开"模块管理器"对话框进行操作。如图21-7

图 21-6

所示，在"加载"项下进行勾选，则"转图工具"被加载到软件的功能区选项卡中。用户可根据需要选择是否加载。

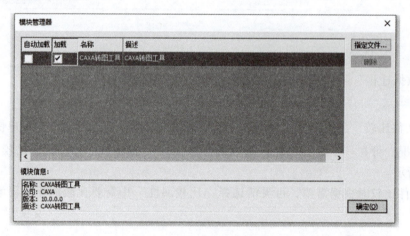

图 21-7

21.3 转图工具

DWG文件中通常没有图纸幅面信息，标题栏和明细栏也是基本的图形、文字信息，无法使用电子图板的图幅工具进行编辑，导致信息传递困难。转图工具模块可以将这些不符合CAXA电子图板规范的明细栏和标题栏对象转换成电子图板专用的明细栏和标题栏，使数据产生关联性，方便编辑和输出，BOM表的生成更加便捷，如图21-8所示。

21.3.1 幅面初始化
应用实例【21-1】

"幅面初始化"工具可以识别图纸幅面、图纸比例及方向，并配置电子图板的图幅，如图21-9所示。

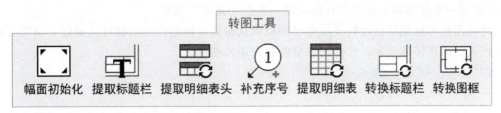

图　21-8

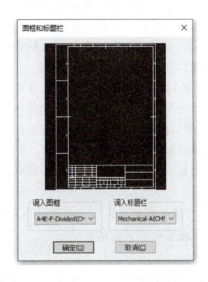

图　21-9

图 21-10 所示图纸为 DWG 文件，它的图框和标题栏中的图素及文本都是由单个图线及文本元素构成的，不符合电子图板的幅面格式要求，其文本数据与标题栏不存在关联性，用户可使用"幅面初始化"工具，将由基本图素构成的图幅转换成具有数据关联性的电子图板默认的格式对象。

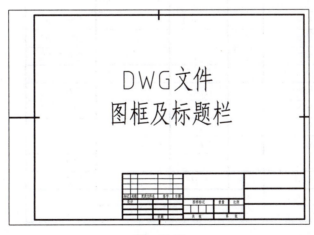

图　21-10

【步骤 1】　在"转图工具"功能区选项卡中打开"幅面初始化"工具窗口。

【步骤 2】　单击"通过拾取图框确定幅面"（若确定幅面大小，可直接框选图纸边框）→选择原图幅的"长边"和"短边"后单击鼠标右键确定→单击"下一步"按钮→单击"下一步"按钮→选择需调入的图框和标题栏→单击"确定"按钮。

此时图框和标题栏已经转换成电子图板默认格式，标题栏的信息可以通过手动填写的方式将相关的信息转移进来，这样的数据就存在了关联性。

21.3.2 提取标题栏

应用实例【21-2】

"提取标题栏"工具从 DWG 文件中的相似图形标题栏中提取文本信息，填写到电子图板格式的标题栏中。提取标题栏时必须选择与原有标题栏格式一致的标题栏。若原有标题栏是机械 B 类，则调入的标题栏也必须是机械 B 类的，这样才能保证准确提取标题栏信息。接下来将以图 21-10 为例讲解如何提取标题栏。

【步骤 1】 在"图幅"功能区选项卡的"标题栏"面板中，单击"调入标题栏"工具，在"读入标题栏文件"对话框中选择与原标题栏一致的标题栏→单击"导入"按钮。

【步骤 2】 在"转图工具"功能区选项卡中，单击"提取标题栏"工具→用鼠标左键分别选择原标题栏外框两个对角点，弹出的"填写标题栏"对话框中会自动填写提取的相关文本信息→单击"确定"按钮，完成标题栏信息的提取。

21.3.3 提取明细栏表头、明细栏

"提取明细表头"工具能够识别明细栏表头项目内容及相关尺寸信息，并将其转换成电子图板能够识别的格式。

应用实例【21-3】

"提取明细表"工具能够提取明细栏中的文本信息，并填写到电子图板的明细栏中。

提取明细栏表头、明细栏应用实例如图 21-11 所示。

13	压板	2	45		GM01-08
12	螺钉M6×16	4	Q235	GB/T819.1—2016	
11	平垫圈16	1	Q235	GB/T 97.1—2002	
10	六角螺栓M16×35	1	Q235	GB/T 5781—2016	
9	底座	1	HT150		GM01-01
8	底盘	1	45		GM01-02
7	钳口	2	45		GM01-05
6	螺钉M6×20	4	Q235	GB/T 819.1—2016	
5	活动撑	1	HT150		GM01-03
4	丝杠	1	45		GM01-07
3	钳身	1	45		GM01-04
2	锥形销4×28	1	Q235	GB/T117—2000	
1	手轮	1	45		GM01-06
序号	名称	数量	材料	标准	图号
18	40	18	30	38	

180

图 21-11

图 21-11 所示 DWG 文件的明细栏中的每个对象都是由单个图线和文本构成的，都可以单独移动，无数据关联性。用户可以使用"提取明细表头"及"提取明细表"工具将纯基本图素构成的明细栏转换为具有数据关联性的明细栏。

【步骤1】 在"转图工具"功能区选项卡中,单击"提取明细表头"工具,在立即菜单中"明细表高度"栏输入【9】→用鼠标左键分别选择原明细栏表头的两个对角点,弹出"明细表风格设置"对话框,可对其风格进行必要的修改。

【步骤2】 在"转图工具"功能区选项卡中,单击"提取明细表"工具,用鼠标左键分别选择原明细栏的两对角点,弹出"填写明细表"对话框→单击"确定"按钮,完成明细栏表头及明细栏的信息提取。

21.3.4 补充序号

①"补充序号"工具可以根据提取的明细栏为零件添加有数据关联性的序号,所以提取明细栏后才能进行补充序号操作。

应用实例【21-4】

补充序号应用实例如图 21-12 所示。

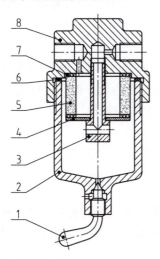

8	GL-08	阀体	1	ZL102	
7	GL-07	垫圈	1	橡胶	
6	GL-06	密封垫	2	橡胶	
5	GL-05	多孔陶瓷管	1	陶瓷	外购
4	GL-04	盖板	1	Q235	
3	GL-03	空心螺钉	1	Q235	
2	GL-02	分离容器	1	HT200	
1	GL-01	针型阀杆	1	Q235	
序号	图号	名称	数量	材料	备注

图 21-12

图 21-12 所示装配图中序号、明细栏都是由单个图线和文本所组成的,两者之间的数据没有关联性,这种情况应先将明细栏提取出来,然后进行序号的补充,使它们之间产生数据关联性。可删除原有的无关联性序号。

【步骤】 在"转图工具"功能区选项卡中选择"补充序号"工具,在立即菜单的"序号"栏中输入【1】,然后在零件1上引出序号,其余零件同样依次引出序号。此时序号与明细栏就具有数据关联性了。

21.3.5 转换标题栏

"转换标题栏"工具可以直接将带属性的"标题栏块"转换为电子图板的标题栏。

应用实例【21-5】

转换标题栏应用实例如图 21-13 所示。

图 21-13 所示为用电子图板软件打开的 DWG 文件的标题栏,是由单个图线和文本对象构成的,其中多数为纯文本,图样名称、材料名称等是具有"属性定义"的域名,这种带有属性的标题栏,可转化为电子图板标准格式的标题栏。

【步骤1】 在"插入"功能区选项卡的"块"面板中,单击"创建块"工具→框选标题栏,并选择标题栏右下角作为基准点,在弹出的"块定义"对话框中,根据需求输入该

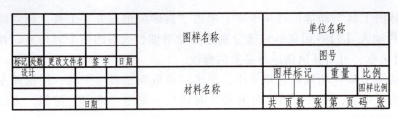

	图样名称	单位名称		
		图号		
标记 处数 更改文件名 签字 日期		图样标记	重量	比例
设计	材料名称			图样比例
日期		共 页 数 张 第 页 码 张		

图　21-13

块的名称。

【步骤2】 在"转图工具"功能区选项卡中选择"转换标题栏"工具→拾取这个块，将其转换为标题栏。

该块已经转换成了带有属性的标题栏，若该标题栏以后还需使用，则应该使用"存储标题栏"功能对其进行储存。需要注意的是，这个标题栏块只是看上去与标准标题栏一致，但是它并不具有标题栏的属性，且不能使用"调入标题栏"功能进行调用。

21.3.6　转换图框

　"转换图框"工具可以直接将带属性的"图框块"转换为图框，保存后可以进行后续使用。首先必须明确它是一个块，其次是带有"属性定义"的域，但它仅仅是个块，而不属于图框。使用时需要通过"转图工具"功能区选项卡中的"转换图框"工具，将它转换成带有属性的图框，双击即可编辑其相关属性值。

21.4　设计中心

设计过程中不可避免需要使用其他文件中的资源，多数人是先找到相关文件，然后打开文件进行复制和粘贴操作，虽然这样可以复制实体对象，但却无法复制图层和样式等信息，而且操作较为麻烦。

设计中心是在 .exb、.dwg 等格式图样之间共享资源的工具，如图 21-14 所示。它可以将已存盘图样中的块、样式、文件信息等资源分享给其他图样文件，避免了很多重复性工作，让设计工作更加轻松、高效。

在功能区空白处单击鼠标右键可以打开设计中心，在树状结构中找到资源文件后，可在陈列窗中通过拖拽的方式，将块、线型、图层以及样式等资源拖拽到绘图窗口中，不必打开源文件，就可以轻松、快捷地共享资源。用户可根据自己的操作习惯将设计中心拖放置至软件窗口的适当位置。

1. 工具面板

用户根据需要选择相应工具来控制设计中心各窗口的显示，便于资源的查找，见表 21-2。

表 21-2　设计中心工具

图标	📂	⬅	➡	📂	🔍
名称	加载	上一页	下一页	上级目录	搜索
图标	📁	⊞	👁	📜	
名称	收藏夹	树状图显隐	预览窗显隐	提示窗显隐	

图 21-14

2. 选项卡

1）文件夹：在树状结构中寻找相关资源。

2）打开的图形：显示当前打开文件中的相关资源。

3）历史记录：记录历史操作。

3. 树状结构

显示文件存储位置的树状结构层次关系，方便寻找相关资源。

4. 陈列窗

1）选择树状结构目录时，会显示下一级中包含的文件夹或可识别的相关要素。

2）在此窗口将 EXB 电子图板文件拖入绘图区则可打开文件。

3）将块、样式等元素拖拽到绘图区中，则添加到当前图样内。

4）如果拖拽的样式在当前图样中有重名样式，则不会做任何处理。

5. 预览窗

用于预览当前选择的图样或其他元素。

6. 提示窗

用来显示选中对象的属性信息。

7. 资源信息

用来显示资源路径及包含的资源数量。

项目22　视口与打印操作

产品设计完成后，需以图样的方式呈现出来，并打印用于实际生产。本项目将学习模型与布局的区别、视口的创建及打印等相关内容。

22.1　模型与布局

模型指的是模型空间，它是一个平面空间，可以放置各种对象。软件打开时，有且只有一个模型空间窗口，见表 22-1。

表 22-1　模型空间

作用	1）用 1∶1 的比例来绘制单个零件的模型或多个零件的模型 2）用来制作单张图样（但不符合模型空间的设计初衷）
特性	1）模型空间只有一个，不能被删除、重命名、移动或复制 2）模型空间不大于【99……】（20 位），理论上有限，使用时可以理解为无穷大
操作	在"模型"标签上单击鼠标右键选择操作项　　⏮ ◀ ▶ ⏭ 模型 布局1 布局2

布局指的是布局空间，它通过视口来显示模型空间中模型的某些部位。打开软件时是否有布局空间，可在"选项"工具的"文件属性"窗口中进行选择，见表 22-2。

表 22-2　布局空间

作用	1）通过视口，用不同的比例来显示模型空间的某些部位 2）用来制作视口显示模型的单张图样，并进行标注 3）用来绘制模型及制作图样（但不符合布局空间的设计初衷）
特性	1）布局空间可以有多个，可以执行删除、重命名、移动或复制等操作 2）一个布局空间通常用来制作一张图样
操作	在"布局"标签上单击鼠标右键选择操作项　　⏮ ◀ ▶ ⏭ 模型 布局1 布局2

22.2　视　　口

视口是一个可视化的窗口，可以将模型空间的内容引用到布局空间。视口的形状有多种，但一定是封闭轮廓，必须使用视口创建工具来创建，或使用特定绘图工具进行绘制。视口只能在布局空间中使用，它是布局空间和模型空间的联系环节。在打印图样时，视口应处于不可见或不打印状态，通常将其放置在隐藏层中。

系统在"视图"功能区选项卡"视口"面板中提供了"新建视口""多边形视口""对象视口"三种创建视口的工具，用户可以根据需要选择相应工具进行视口的创建，见表 22-3。

表 22-3　视口

作用	用设定的比例来显示模型空间的某些部位
特性	1）一个布局空间通常只有一个视口，用来制作一张图样 2）视口可以被编辑、删除或移动 3）视口之间应避免重叠
操作	1）通常在选择图幅后再创建视口 2）调整视口的大小、形状及位置来决定显示部位

22.2.1　新建视口

"新建视口"工具是用来创建矩形视口的，用户可以选择新建矩形视口的数量及分布位置。布局窗口至少需要新建一个视口，用来显示一个零件或部件的模型。当创建多个视口时，每个视口显示的内容需要自行调整，每个视口的位置都可移动。

22.2.2　多边形视口

"多边形视口"工具可用多段线在窗口中绘制封闭的多边形视口。这种多边形视口的形状应根据引用模型所在的位置及需引用的区域形状进行绘制，可以是单一封闭视口，也可以是自交叉的封闭视口，如图 22-1 所示。自交叉的封闭视口形成了多个封闭区域，但它还是一个视口，这种情况很少使用。

单一封闭视口　　　　　　　　　　自交叉的封闭视口

图　22-1

22.2.3　对象视口

"对象视口"工具可在布局空间中选择一个由某些基本曲线绘制的封闭轮廓来创建视口。并不是所有的封闭轮廓都能用来创建对象视口，通常如图 22-2 所示工具绘制的封闭轮廓才能用来创建对象视口。

圆　　　　　样条　　　　　云线　　　　　矩形　　　　　正多边形　　　　椭圆

图　22-2

22.3　视口的编辑

1. 视口的位置编辑

选中视口后，拖动边框即可改变其位置。

2. 视口的大小编辑

选中视口后，视口的各个夹点可以用于编辑视口的形状和大小。使用系统默认的矩形视口，不能改变其形状，只能改变其大小。

3. 视口内对象的编辑

双击视口内部可以进入视口编辑状态，相当于进入模型空间进行编辑。双击视口外部则退出视口内对象的编辑。

22.4 模型与布局综合应用

应用实例【22-1】

模型与布局综合应用实例如图 22-3 所示。该实例的模型空间已经绘制了"转子泵"的多个零件模型，现以绘制"衬套"零件图样为例来讲解有关模型、布局及视口的使用。由于图框占据空间太大，为了清楚地展现视口功能，配图中不显示图框等对象。

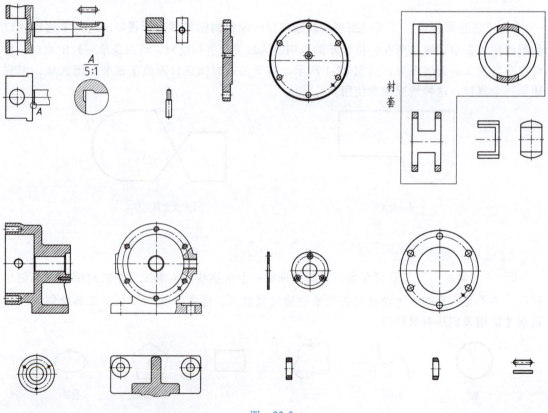

图 22-3

【步骤1】 在"模型"标签上单击鼠标右键"插入"一个"布局"空间→双击"布局1"标签，将其名称改为"衬套"，并使用"图幅设置"功能调入所需图框及标题栏。

【步骤2】 在"视图"功能区选项卡的"视口"面板中，选择"多边形视口"工具，使用"直线"方式在图框空白处绘制一个多边形视口（形状参照"衬套"视图的布局，大小参照图样空白区域），则零件模型显示到视口中→选中视口边框，在"特性"对话框中修改自定义比例为【1】→双击视口内部，平移模型空间，使得"衬套"零件图大致显示在视口中→双击视口外部，退出模型空间，然后调整视口边界夹点，将"衬套"模型全部显示在视口中，如图 22-4 所示。

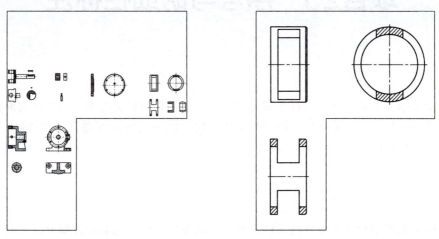

图 22-4

【步骤 3】 将视口层特性设置为"隐藏层"，并完成尺寸标注等工作。

由于模型空间与布局空间所采用的比例有可能不一致，各个布局空间也会随着零件的大小不同而采用不同的比例，若在模型空间进行了尺寸标注，视口会将其视为模型，从而导致其文本显示大小发生变化，会造成各零件图的尺寸文本大小显示混乱，制作的图样不规范。所以通常情况下，模型空间只进行模型的绘制，而在布局空间进行尺寸标注及文本书写，这样各图样中尺寸文本的大小才能保持一致，绘制的图样才合理、规范。

22.5 打印及打印工具

"打印"工具是系统内置的用来进行图样打印的工具，主要是用小型打印机进行单张图样的打印，多数情况下打印 A3、A4 图样，打印时需对纸张的大小和方向，以及输出图形的方式等项进行选择，对于更大的图样可以采用拼图的方式进行打印。

打印功能还可以将文件打印成 PDF、PNG、TIF 等电子格式文档。打印功能较为简单，这里不再讲解了。

"打印工具"是外挂的打印模块，主要是用大型打印机进行大幅面图样的打印，可同时打印多张幅面大小不一的图样，也可以将大幅面的图样和小幅面的图样进行排列后同时打在大型纸张上，然后进行裁剪。该模块使用简单方便。

项目23　序号与明细栏标注

在装配图中，为便于查找零件和部件及生产准备，必须对装配图中的零件或部件标注序号，零部件的序号必须与明细栏中的编号保持一致。电子图板软件提供了10种序号制作工具及7种明细栏制作工具。

23.1　序　　号

同一张装配图中相同的零件或部件只编写一次序号，标准化的组件如滚动轴承、电动机等，需看成一个零件进行编号。零件的序号应按水平或竖直方向沿顺时针或逆时针方向排列，序号间隔应尽可能相等。序号制作工具见表23-1。

表 23-1　序号制作工具

图标					
名称	生成序号	序号样式	编辑序号	删除序号	对齐序号
图标					
名称	交换、排列序号	合并序号	显示全部序号	隐藏序号	置顶显示

23.1.1　生成序号

"生成序号"工具用来标识对应零件的安装位置。生成的零件序号与当前窗口中的明细栏是关联的。在生成零件序号的同时，也可以选择是否填写明细栏。通常情况下选择不填写明细栏，在标注完序号后统一填写。

23.1.2　序号样式

"序号样式"工具用来定义零件序号的显示样式，可以对序号的指引箭头样式、文本样式、引线的线型及颜色、引出序号的格式等进行设置。

23.1.3　编辑序号

"编辑序号"工具用来编辑零件序号的放置位置。

23.1.4　删除序号

"删除序号"工具用来删除序号，明细栏中对应项信息也被删除，其余序号会自动按顺序更新，明细栏数据信息也会同步更新。如果使用"删除"功能来删除序号，则只是删除了序号本身，其余序号不会更新，明细栏相应表项也不会被删除。

23.1.5 对齐序号

"对齐序号"工具用来对多个序号按水平、竖直或周边方式进行对齐排列，定位点与下一点之间的方向和距离，将是所选各序号中第一个序号的移动方向和距离，在拾取定位点时，通常选在第一个序号的引出点上。第一个序号为水平排列时最左侧的序号及竖直排列时最上方的序号（不是序号的编号）。

23.1.6 交换、排列序号

"交换、排列序号"工具用来按拾取顺序交换选中序号的编号，同时还可以选择是否交换明细栏中的数据信息。

23.1.7 合并序号

"合并序号"工具用来合并所拾取的序号，使它们共用一条指引线。

23.1.8 显示和隐藏序号

"显示全部序号"工具用来显示当前幅面中所有已隐藏的序号。

"隐藏序号"工具用来隐藏指定的序号，一次可以隐藏一个或多个序号。

23.1.9 置顶显示

"置顶显示"工具用来将当前幅面上已经标注了的序号全部放置到窗口的顶层，使之不被任何要素遮挡。

应用实例【23-1】

序号应用实例如图 23-1 所示。该图为双螺母防松连接结构，其中各零件已制作成了块，在块上标注序号时，需要将引出点放置在块的相关图素上。如果各零件未制作成块，则可在任意位置处单击。

【步骤1】 在"图幅"功能区选项卡的"序号"面板中，单击"生成序号"功能图标"$\overset{1}{\diagup}\overset{2}{\diagdown}$"→在立即

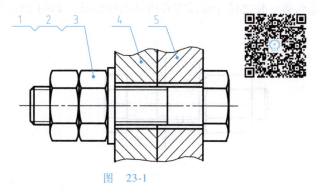

图 23-1

菜单中的"序号"项输入【1】、"数量"项输入【1】，同时选择"水平"和"不显示明细栏"的方式→单击图中螺母，并将其放置在合适位置→按图 23-2 标注各零件的序号，位置可以暂时任意放置（序号标注暂时不合理，目的是讲解相关功能）。

【步骤2】 图 23-2 中的两个螺母为相同零件，所以只需在一个零件上标注序号。选择"删除序号"功能→单击序号 2 或 3，删除该序号，其他序号会按顺序自动更新，如图 23-3 所示。

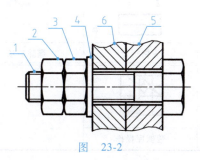

图 23-2

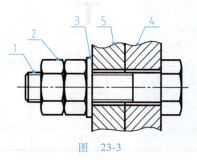

图 23-3

【步骤3】 选择"交换序号"功能，分别选中序号4和5，单击鼠标右键完成交换，如图23-4所示。

【步骤4】 使用"对齐序号"功能，选中所有序号后单击鼠标右键确认→在立即菜单中选择"水平排列、手动、间距值【10】"方式→单击窗口任意一点作为定位点（最好选择序号1的引出点），移动鼠标将序号放到合适位置，完成序号的水平对齐，如图23-5所示。

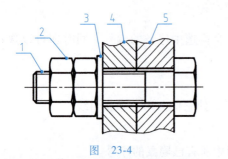

图 23-4

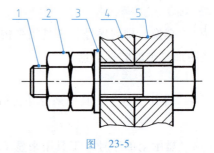

图 23-5

【步骤5】 一个螺栓、两个螺母和一个垫片可以合并标注，使用"合并序号"功能，选中序号1、2、3后单击鼠标右键确认→单击螺母内部作为引出点，并将合并序号放置在与其他序号等高的位置上，如图23-6所示。

【步骤6】 国标中规定，序号的末端应标注在零件轮廓的内部，所以需调整各序号引出点位置，使之位于标注零件内部的空白处，如图23-7所示。

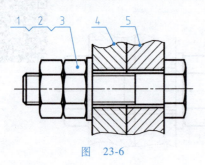

图 23-6

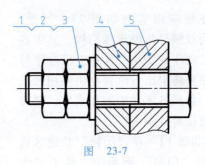

图 23-7

23.2　明　细　栏

明细栏是全部零件或部件的详细目录，其通常位于标题栏上方，由下而上顺序填写。明细栏编辑工具见表23-2。

表23-2　明细栏编辑工具

图标				
名称	填写明细栏	插入空行	表格折行	删除表项
图标				
名称	明细栏样式	输出明细栏	数据库操作	

23.2.1　填写明细栏

 "填写明细栏"工具用来填写工程图中各零件的详细数据信息，如图23-8所示。

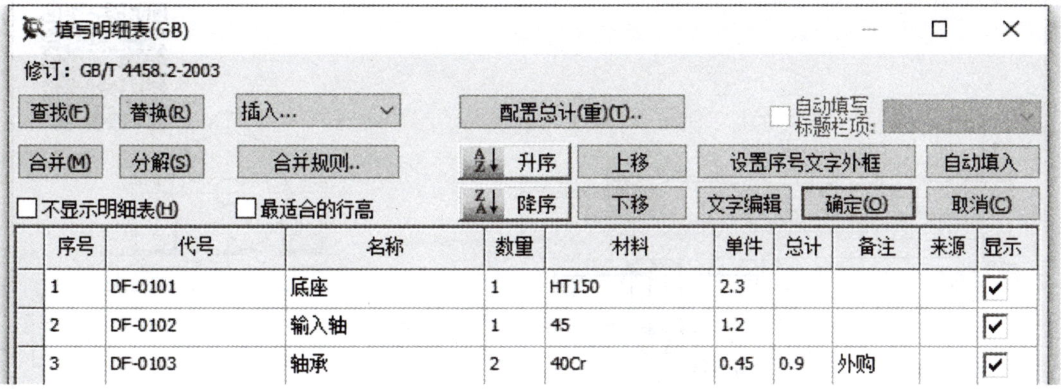

图 23-8

明细栏有两种填写方式，一种是手动填写，另一种是自动填写。当零件制作成块，并且填写了块的相应属性，在标注序号时就会提取相关属性，自动填写明细栏。若零件未制作成块或未填写块的相关属性，则只能手动填写明细栏。

该功能具有查找或替换特定文本功能，便于零件的查找及修改，对相同的数据项可以进行合并或分解，可以对所有项按升序或降序的方式进行排列，也可以调整单行的上下位置，还可以设置序号文字外框。

23.2.2　插入空行

 "插入空行"工具用来在明细栏某行后插入一个空行，以便填写漏缺零件的信息。

23.2.3　表格折行

 "表格折行"工具用来将明细栏在某行处折断，并将折断部分向左或右放置。

23.2.4　删除表项

 "删除表项"工具用来删除明细栏中某一行的全部信息，并且删除其对应的序号，其余序号及明细栏将自动更新。

23.2.5　明细栏样式

 "明细栏样式"工具用来定义明细栏的不同显示风格。

23.2.6　输出明细栏

 "输出明细栏"工具是按给定参数将当前明细栏数据信息输出到单独的 EXB 文件中，在明细栏行数较多且在图样中无法放置的情况下使用。

23.2.7　数据库操作

 "数据库操作"工具可通过读入外部文件数据来自动填写明细栏。外部数据文件的格式为".mdb"或".xls"。

应用实例【23-2】

明细栏应用实例如图23-9所示。该图为工具磨床虎钳的装配图，现用两种方法来绘制该装配图的序号和明细栏，装配图尺寸及技术要求等要素这里不做讲解。

方法一：

各零件绘制完成后，将其制作成块，按明细栏表头项对需要标注序号的块进行属性定

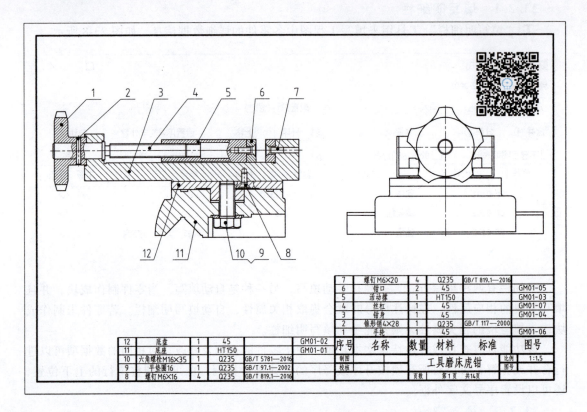

图 23-9

义，并按明细栏填写其属性，然后开始制作序号及明细栏。

【步骤1】 使用"生成序号"功能，在立即菜单中选择"显示明细栏"方式，按从小到大的顺序依次进行序号的标注，序号必须指到相应块的图素上。

【步骤2】 所有序号标注完后，使用"对齐序号"功能，将序号水平排列整齐。

【步骤3】 由于明细栏项较多，可以将其折断为两段，使用"表格折行"功能，在立即菜单中选用"左折"方式，单击明细栏中需要折断的行。

【步骤4】 调整序号引出点的位置，将其置于零件内空白处，完成序号及明细栏的制作。

方法二：

根据零件图直接绘制装配图，并在".xls"格式文件中制作明细栏表头，自上而下输入明细栏相关信息，然后开始制作序号及明细栏。

【步骤1】 使用"生成序号"功能，在立即菜单中选择"显示明细栏"方式，按从小到大的顺序依次进行序号的标注，序号的引出点可以放置在零件内部空白处。

【步骤2】 使用序号编辑功能将序号水平排列整齐。

【步骤3】 若未创建明细栏".xls"格式文件，可以使用"明细栏填写"工具，进行明细栏的手动填写。

【步骤4】 若已创建明细栏".xls"格式文件，可以使用"数据库操作"工具，将".xls"格式文件中的数据直接调入明细栏中，完成明细栏制作，导入文件表头需与明细栏表头对应项的"项目名称"保持一致，工具磨床虎钳明细栏见表23-3。

表 23-3　工具磨床虎钳明细栏

序号	名称	数量	材料	标准	图号
1	手轮	1	45		GM01-06
2	锥形销 4×28	1	Q235	GB/T 117—2000	
3	钳身	1	45		GM01-04
4	丝杠	1	45		GM01-07
5	活动撑	1	HT150		GM01-03
6	钳口	2	45		GM01-05
7	螺钉 M6×20	4	Q235	GB/T 819.1—2016	
8	螺钉 M6×16	4	Q235	GB/T 819.1—2016	
9	平垫圈 16	1	Q235	GB/T 97.1—2002	
10	六角螺栓 M16×35	1	Q235	GB/T 5781—2016	
11	底座	1	HT150		GM01-01
12	底盘	1	45		GM01-02

项目24　装配图绘制

装配图是用来表达机器或部件的工程图样，能够表达出机器或部件的整体结构、连接关系及工作原理，适用于设计、装配、安装、维修等情况。简单的部件或机器的装配图可以全部由零件图组成，但复杂的机器则有多张装配图，即总装图是以多张部件装配图为基础来制作的。装配图一般包括五方面的内容：一组视图、必要的尺寸、技术要求、图框及标题栏、序号及明细栏。

24.1　装配图的绘制方法

方法一：

从设计角度讲，通常是根据设计参数要求先进行装配图的绘制，再从装配图拆画出零件图，这是产品从零开始设计的制作流程，是专业设计人员通常使用的方法。所以这种装配图通常直接使用绘图工具进行非标零件的绘制，然后从图库中调用所需标准件，标注序号后，手动完成明细栏所缺信息的填写。

方法二：

对于初学者或定型产品来说，通常是有了零件图之后，再进行装配图的绘制，此时只需考虑视图的表达问题。这种方法已提前明确了每个零件的详细信息，绘制装配图较为简单，所以可以先绘制零件图，然后将其图形部分制作成块，并填写相关属性信息，最后完成装配图的组装，标注序号后，明细栏将提取块的相关属性信息并自动填写。

两种绘图方法并无严格区分，用户可以根据实际绘图情况灵活运用，也可将两种方法混合使用。

24.2　装配图的绘制步骤

下面将根据上述方法二来讲解装配图的绘制步骤，该步骤并不是一成不变的，某些步骤可以调整次序，有的步骤也可根据具体情况予以去除，用户应根据自己的绘图习惯及工作情况灵活运用。

装配图绘制步骤如下：

1）绘制所有非标零件的零件图。

2）将零件图中的图形部分创建成块。

3）使用"块扩展属性定义"功能来定义装配图的明细栏中所需属性（若无特殊要求则可省略），并使用"块扩展属性编辑"功能完成其属性填写。

4）在装配图中通过"设计中心"调入非标零件的块，并完成组装工作，注意零件之间的消隐层次关系。

5）通过"图库"调入所需标准件，安装到位后调整消隐关系。

6）根据装配图情况可对各零件的表达方式进行改动，并补画其他视图及图素。

7）为装配图标注必要的尺寸及配合信息。

8）调入所需图幅和标题栏，设定合适的绘图比例。

9）调整各视图位置，使得幅面美观合理。

10）填写标题栏信息。

11）添加序号及明细栏。

12）添加技术要求等信息。

应用实例【24-1】

装配图应用实例如图 24-1 所示，该齿轮泵由 10 种零件组成，其中 1 号件螺钉 M6×20 和 10 号件销 3×20 为标准件，其相关属性信息在由"图库"调入时已具备。除 2 号件从动齿轮轴和 4 号件密封垫未给出图样外，其余零件都给出了其结构及尺寸信息。缺失零件需用户根据相关信息自行绘制。用户可根据上述"装配图绘制步骤"及相关图样信息完成该装配图的绘制工作。3 号件泵盖如图 24-2 所示，5 号件泵体如图 24-3 所示，9 号件主动齿轮轴如图 24-4 所示，6 号件填料、7 号件压紧套如图 24-5 所示，8 号件压紧螺母如图 24-6 所示，明细栏如图 24-7 所示。

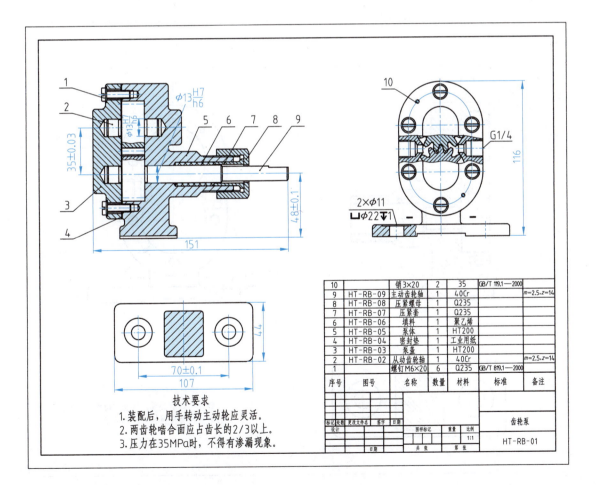

图　24-1

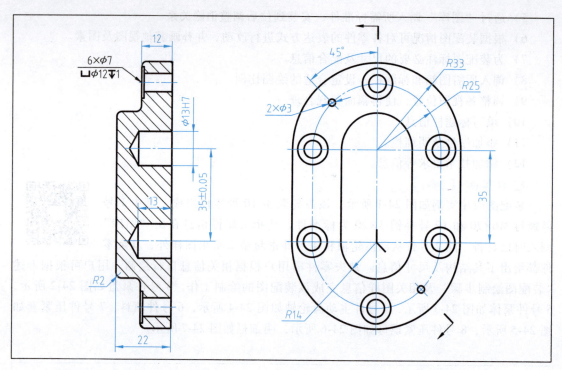

图 24-2

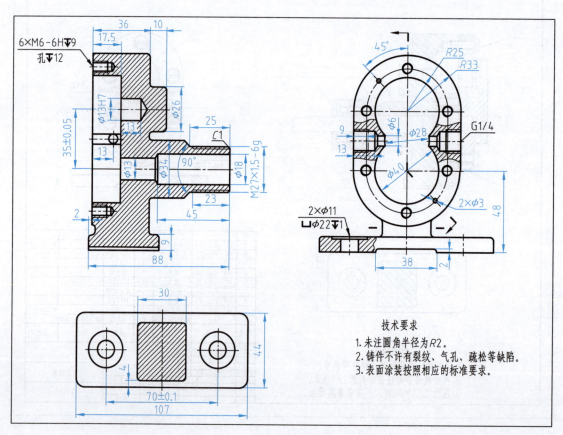

技术要求
1.未注圆角半径为R2。
2.铸件不许有裂纹、气孔、疏松等缺陷。
3.表面涂装按照相应的标准要求。

图 24-3

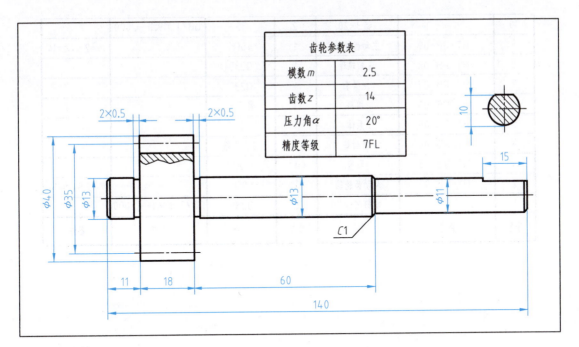

齿轮参数表	
模数 m	2.5
齿数 z	14
压力角 α	20°
精度等级	7FL

图 24-4

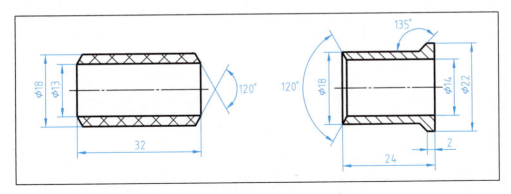

图 24-5

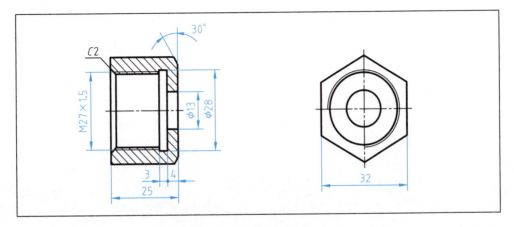

图 24-6

序号	图号	名称	数量	材料	标准	备注
10		销3×20	2	35	GB/T 119.1—2000	
9	HT-RB-09	主动齿轮轴	1	40Cr		$m=2.5, z=14$
8	HT-RB-08	压紧螺母	1	Q235		
7	HT-RB-07	压紧套	1	Q235		
6	HT-RB-06	填料	1	聚乙烯		
5	HT-RB-05	泵体	1	HT200		
4	HT-RB-04	密封垫	1	工业用纸		
3	HT-RB-03	泵盖	1	HT200		
2	HT-RB-02	从动齿轮轴	1	40Cr		$m=2.5, z=14$
1		螺钉M6×20	6	Q235	GB/T 819.1—2000	
序号	图号	名称	数量	材料	标准	备注

图　24-7

参 考 文 献

[1] 贺巧云. 机械制图与 CAD 绘图：基础篇 ［M］. 北京：化学工业出版社，2014.

[2] 闫文平，白洁. 机械制图与 CAD 教程 ［M］. 北京：机械工业出版社，2016.

[3] 闫文平，朱楠. 机械制图与 CAD 教程习题集 ［M］. 北京：机械工业出版社，2016.

[4] 马慧，郭琳，刘春光. AutoCAD 工程绘图实用教程 ［M］. 北京：机械工业出版社，2021.